珍稀药材川贝母的种质资源学

廖 海 周嘉裕 ○著

西南交通大学出版社
·成 都·

图书在版编目（CIP）数据

珍稀药材川贝母的种质资源学 / 廖海，周嘉裕著. —成都：西南交通大学出版社，2023.4
ISBN 978-7-5643-9227-7

Ⅰ. ①珍… Ⅱ. ①廖… ②周… Ⅲ. ①贝母属 – 种质资源 Ⅳ. ①S567.23

中国国家版本馆 CIP 数据核字（2023）第 053080 号

Zhenxi Yaocai Chuanbeimu de Zhongzhi Ziyuanxue
珍稀药材川贝母的种质资源学

廖　海　周嘉裕 / 著	责任编辑 / 赵永铭
	封面设计 / 原谋书装

西南交通大学出版社出版发行
（四川省成都市金牛区二环路北一段 111 号西南交通大学创新大厦 21 楼　610031）
发行部电话：028-87600564　　028-87600533
网址：http://www.xnjdcbs.com
印刷：四川煤田地质制图印务有限责任公司

成品尺寸　185 mm×260 mm
印张　10.75　　字数　202 千
版次　2023 年 4 月第 1 版　　印次　2023 年 4 月第 1 次

书号　ISBN 978-7-5643-9227-7
定价　80.00 元

图书如有印装质量问题　本社负责退换
版权所有　盗版必究　举报电话：028-87600562

珍稀药材川贝母的种质资源学
编 委 会

主任委员： 廖　海（西南交通大学）

周嘉裕（西南交通大学）

副主任委员： 李遂焰（西南交通大学）

高　顺（四川农业大学）

张富丽（四川省农业科学院）

高继海（成都中医药大学）

秦小波（四川省自然资源科学研究院）

刘　俊（成都海关技术中心）

委　　员：（排名不分先后）

西南交通大学：

郑　辉　王威威　陈安琪　张　田　蒋瑞平　邹　萌　李冉郡

安秋菊　秦　余　黄思沛　伍渝凤　宋思敏　黄德娅　陈　娇

田春尧　唐　婕　黄斌翰　李佳伦　李文杰

四川农业大学：王梦颖　杨　瑶

中科院成都生物所：黄维藻

青海绿康生物开发有限公司：付绍兵

成都海关技术中心：车颖欣　程铁辕　李永丽

新疆维吾尔自治区疾病预防控制中心：李　刚　毋跃文

乌鲁木齐海关技术中心：王　翀

红原县智禾农业科技有限责任公司：董　周

序 言

贝母是我国传统医学与现代中药制剂最常用的中药材，传统医学认为贝母具有清热润肺、化痰止咳等多种功效，始载于我国最早的药学专著《万物》与《神农本草经》，被列为中品。此后，历代本草均有记载并为医家广泛应用，并逐渐形成了川贝母、浙贝母与伊贝母等来自不同道地产区的贝母类中药材，其中以主产于四川阿坝、甘孜与西藏、青海交界等地的川贝母药效最好。川贝母资源不仅是中藏医药事业可持续发展的重要前提和物质保障，也已成为当地民众，尤其是边远地区少数民族群众的重要收入来源。随着市场需求的快速增长以及过度采挖造成的生境破坏，川贝母资源日益短缺，在部分省市出现了以次充好、以假乱真等问题，严重影响了川贝母成药产品的质量与产业的可持续发展。

自2017年以来，本项目组依托四川省重点研究项目"快速鉴定冬虫夏草与川贝母分子标记的研发及应用（2018SZ0061）"、四川科技扶贫示范项目"川贝母标准化生产关键技术研究及示范推广（面上项目）（2021ZHFP0170）"等的支持，并在当地从事川贝母科研与生产行业人员的协助下，采用文献考证、实地考察采样、走访调研与实验研究等多种方法，开展川贝母种质资源学研究。为了进一步推动项目及成果示范效应，促进川贝母资源保护、生态利用与产业发展，项目组组织合作专家编写了《珍稀药材川贝母的种质资源学》一书。

本书共分为八章，第一章川贝母的本草考证，第二章川贝母基原植物种质资源，第三章川贝母基原植物潜在生长适宜地区预测，第四章川贝母基原植物组织培养研究，第五章川贝母的栽培与管理，第六章川贝母基原植物叶绿体基因组学分析，第七章川贝母等中药材的分子标记应用现状，第八章川贝母基原植物分子标记的筛选。本书可为从事川贝母研发与生产的科技工作者、政府部门管理人员、企业管理人员和种植户提供指导与参考；也可为国家大健康产业的发展、中医药现代化、道地中药材科技扶贫、乡村振兴以及治蜀兴川贡献一份科技力量。本书编写分工为：第二章由张富丽、刘俊、李刚负责编著；第四章由高继海、秦小波负责编著；第五章由高顺负责编著；其余章节由廖海、周嘉裕、李遂焰负责编著。

本书从策划到完成历时五年多，由西南交通大学研究生教材（专著）经费建设项目专项资助（SWJTU-ZZ2022-030）；感谢西南交通大学出版社的大力支持；感谢西南交通大学、四川农业大学、四川省农业科学院、四川省自然资源科学研究院、成都中医药大学、成都海关技术中心、新疆维吾尔自治区生态环境监测总站、新疆维吾尔自治区疾病预防控制中心、乌鲁木齐海关技术中心、青海绿康生物开发有限公司与红原县智禾农业科技有限责任公司相关专家的关心和支持；特别要感谢参与本书研究与编著的同仁。

由于时间仓促，作者学识水平有限，书中不足之处在所难免，敬请广大读者对本书提出批评指正。

《珍稀药材川贝母的种质资源学》编委会

2023年2月于成都

目 录

第一章 川贝母的本草考证 / 001

一、植物形态考证 / 001

二、药效考证 / 003

三、产地变迁考证 / 004

四、讨论与小结 / 005

第二章 川贝母基原植物种质资源 / 009

一、全球贝母属植物种质资源 / 009

二、中国贝母属种质资源 / 011

三、川贝母药材的种质资源 / 018

四、小结 / 026

第三章 川贝母基原植物潜在生长适宜地区预测 / 029

一、数据来源和方法 / 030

二、数据处理 / 031

三、结果与分析 / 033

四、小结 / 039

第四章 川贝母基原植物组织培养研究 / 043

一、贝母组织培养植株再生途径 / 043

二、川贝母组织培养的影响因素 / 049

三、川贝母类组织培养过程中有效成分积累 / 055

第五章　川贝母的栽培与管理 / 060

一、川贝母对生态环境的要求 / 061

二、川贝母的资源培育 / 062

三、川贝母的栽培与管理 / 065

第六章　川贝母基原植物叶绿体基因组学分析 / 085

一、实验材料与试剂 / 085

二、实验方法 / 086

三、结果与分析 / 089

四、小结 / 106

第七章　川贝母等中药材的分子标记应用现状 / 109

一、基于RAPD的贝母属植物遗传多样性分析及其种质资源鉴定 / 110

二、基于ISSR的贝母属植物遗传多样性分析及其种质资源鉴定 / 111

三、基于SNP标记的贝母属植物种质资源鉴定 / 112

四、基于AFLP标记的贝母属植物遗传多样性分析 / 112

五、基于DNA条形码的贝母属植物遗传多样性分析及其种质资源鉴定 / 113

六、讨论与展望 / 114

第八章　川贝母基原植物分子标记的筛选 / 119

一、基于DNA条形码的川贝母分子标记研究 / 119

二、基于ITS1的太白贝母特异TaqMan-MGB实时荧光探针分子标记研究 / 129

三、基于叶绿体基因组的川贝母特异分子的筛选 / 139

第一章
川贝母的本草考证

百合科贝母属（*Fritillaria*）植物为多年生草本，在中国有80余种，52变种，6变型，其中以四川、新疆与青海的野生种类最多[1]。传统贝母药材为部分贝母属植物的干燥鳞茎，已收载于历代典籍与2020版《中国药典》。按道地产区，将贝母药材分为川贝母、浙贝母、伊贝母、湖北贝母、平贝母与安徽贝母，其中以川贝母的药用价值最高，为贝母类药材上品，被誉为"止咳圣药"。川贝母沿用的药材名称可分为"松贝""青贝"与"炉贝"等，其基原包括卷叶贝母（*Fritillaria cirrhosa* D.Don）、暗紫贝母（*Fritillaria unibracteata* P.K.Hsiao et K.C.Hsia）、甘肃贝母（*Fritillaria przewalskii* Maxim.）、梭砂贝母（*Fritillaria delavayi* Franch.）、太白贝母（*Fritillaria taipaiensis* P. Y. Li）与瓦布贝母（*Fritillaria unibracteata* Hsiao et K. C. Hsia var. *wabuensis*）的干燥鳞茎。

由于川贝母的市场需求量较大，价格远超过其他贝母品种，然而川贝母的野生资源十分有限，加之川贝母的规格较多，导致市场上已出现浙贝母、伊贝母、湖北贝母、安徽贝母和土贝母等多种地方习用品种及混伪品。

本章通过文献研究法和类比研究法对诸多古籍、论文、期刊等文章进行研读、整理、分析、比较和总结，提炼概括出贝母从古至今形态、药效以及产地变迁的历史，有助于深入了解中药贝母的发展历程，为川贝母中药材的资源开发、保护与标准化应用提供更多依据。

一、植物形态考证

古人对贝母的最早认识可以上溯到春秋时期，贝母原名蝱，始载于《诗经·载驰》[2]。陆玑注解《诗经》："蝱，今药草贝母也，其叶如括楼而细小，其子在根下如芋子，正白，四方连累相著有分解也"[3]。

《尔雅》记载：莔，贝母。郭璞注解《尔雅》：莔根如小贝，圆而白花，叶似韭，与百合科植物老鸦瓣（*Tulipa edulis*）相近[4]。

《说文解字》记载：莔，贝母也，通作蝱，则蝱与莔均代表贝母[5]。由此，战国至西汉时期，医家贝母不仅包括土贝母，还增加了老鸦瓣。

唐朝苏敬等编著的《新修本草》记载："四月蒜熟时采，良叶形如大蒜。"

宋代苏颂等编撰的《图经本草》记述："根有瓣子，黄白色，如聚贝子，故名贝母。"这与南北朝梁代陶弘景《本草经集注》记述相同[6]。北宋《证类本草》与清代《本草述》均描述了贝母生长时期、茎、花的形态，如"根有瓣子，黄白色，如聚贝子，故名贝母。二月生苗，茎细青色，叶亦青，似荞麦，叶随苗出。七月开花碧绿色，形如鼓子花"。

明代李中立将贝母分为南贝母与西贝母等二类，其中南贝母"色青白、体重、单粒"，而西贝母"色白、体轻、双瓣、质尤良"[7]。明代陈嘉谟《本草蒙筌》曰"苗茎青色，叶如大麦叶，花类鼓子花。近冬采根，暴干所用"。

清代张璐著《本经逢原》载，贝母"大如钱，皮细白而带黄斑，味甘"，这与《中国药典》2020版载"炉贝，表面类白色或浅棕黄色，有的具棕色斑点"很相似，可以推测为炉贝[8]。

清代赵学敏编著《本草纲目拾遗》引《百草镜》云："独颗无瓣，顶圆心斜，入药选圆白而小者佳"符合浙贝母中的"元宝贝"特征。《本草纲目拾遗》引《叶喑斋》云："宁波象山所出贝母……不能如川贝之象荷花蕊也。土人于象贝中拣出一二与川贝形似者，充川贝卖"[9]。说明从明代后期开始，浙贝已混充川贝母。"荷花蕊"即今川贝中的"松贝"，特指松贝的两瓣鳞叶大小悬殊，大瓣包裹小瓣，呈"怀中抱月"的形状。

《本草从新》由清代吴仪洛撰。该书进一步完善不同贝类的功效及性状分类，记载了贝母的形态特征，如汪机曰："川产最佳，圆正底平，开瓣味甘"[10]。这与2020年版《中国药典》载"松贝，习称"怀中抱月""相近，基本可以推断为松贝。

根据以上描述，不同贝母品种的共同特征为入药部分相同，均选取地下鳞茎部位，白色或黄白色，形状如贝子。不同贝母基原植物及药材相异特征所下：土贝母的叶形如栝楼；老鸦瓣的叶形如韭菜，白花；南贝母（浙贝母）的鳞茎为单颗，无瓣；西贝母（川贝母与伊贝母）为双瓣，其中川贝母茎细长，叶为披针形，松贝的鳞茎呈"怀中抱月"形状，炉贝的鳞茎有黄棕色斑点。

二、药效考证

贝母的疗效始载于《诗经》,曰:"言采其蝱,女子善怀"[11]。即贝母能够缓解女性的郁结之气,这与《别录》《药性论》《本草别说》等诸多著作中贝母的疗效颇为相似。

阜阳汉简之《万物》抄写于西汉初,编纂于战国时期[12],记载"贝母已寒热也",是对贝母药性的最早记录。

《神农本草经》记载贝母,列为中品,味辛平,主伤寒烦热,淋沥邪气,疝瘕,喉痹,乳难,金创,风痉[13]。这些贝母的药性与主治,与土贝母、老鸦瓣相似。

川贝母之名最早见于云南嵩明人兰茂所著的《滇南本草》,收载可治"喉喘咳嗽、喉有痰声"的"奇方"组成为:枇杷叶五钱(去毛)、川贝母一钱半(去心)、杏仁二钱、陈皮二钱[14]。

明代李时珍著《本草纲目》记载贝母:"(根)辛、平、无毒。"该书明确记载了许多贝母给药治疗咳嗽的医方,至今仍然沿用,如"化痰降气,止咳解郁",当"用贝母(去心)一两……开水送下"。"小儿百日咳"当"用贝母五钱……每次以米汤化服一丸"[15]。

明代倪朱谟编撰《本草汇言》,载"贝母专司……若解痈毒,破癥结,消实痰,敷恶疮,又以土者为佳。然川者味淡性优,土者味苦性劣,二者宜分别用",认为"土者"是浙贝,且川贝母与其他产地贝母的功能主治有差别[16]。该书首次从功效上对川贝母与浙贝母作为分类,这为两种贝母的应用区别奠定了基础。明代缪希雍《本草经疏》云"贝母,肺有热,因而生痰,或为热邪所干,喘嗽烦闷,必此主之,其主伤寒烦热者,辛寒兼苦,能解除烦热故也。"明代张介宾《本草正》云:"贝母,味苦,气平,微寒。气味俱轻……降胸中因热结胸,及乳痈流痰结核。土贝母,味大苦,性寒。阴也,降也,乃手太阴、少阳,足阳明、厥阴之药……大治肺痈肺痿,性味俱浓,较之川贝母,清降之功不啻数倍。"对川贝母和浙贝母药用效果进一步进行了详细的区分。

清代《本草述》曰:"润肺清心。开郁结。和中气。除邪气烦热。心下实满。胸胁逆气。涤热消痰。疗喘嗽红痰。治产难及胞衣不下。下乳汁。凡疗肿瘤疡。可以托里护心。收敛解毒。"清代张璐著《本经逢原》云"贝母川产味甘,最佳;西产味薄,次之;象山者微苦,又次之",首次提出贝母的品质差别,其中川贝母最好,西贝(今伊贝母）次之，而出产于浙江省象山市的象贝（今浙贝母）又次之，实现了川贝母与伊贝母的分类[8]。

清代赵学敏编著《本草纲目拾遗》。编著承倪朱谟之见解，认为"但川贝与象贝性各不同，象贝苦寒，解毒利痰，开宣肺气。凡肺家挟风火有痰者宜此。川贝味甘而补肺，不若用象贝治风火痰嗽为佳。若虚寒咳嗽，以川贝为宜"[9]。这说明自明代后期开始，医者普遍认同川贝、西贝（伊贝母）与象贝（浙贝母）存在功效差别。

《本草从新》进一步完善不同贝类的功效，对贝母"甘微寒，泻心火，辛散肺郁"，汪机曰：俗以半夏燥毒、代以贝母、不知贝母寒润……何可代也……川产最佳，圆正底平，开瓣味甘"[10]。该书提到的"半夏温燥"应为天南星科植物犁头尖（*Typhonium divaricatum*）的块茎，即当今的水半夏。水半夏性温，而贝母性寒，属于贝母的一种混伪品，不能代替贝母使用。

在传统医学中，贝母作为药用，"甘微寒"，用作散心胸郁结之气，用于治疗咳嗽"化痰降气，止咳解郁"；清肺热"润肺清心，开郁结""散乳痈流痰结核"；还能"安五脏，利骨髓"。这与贝母的现代药理活性—镇咳、祛痰、平喘、镇痛与抗肿瘤等相吻合。

三、产地变迁考证

《诗经·载驰》最早记载贝母，未说明具体产地，但由于作者著作时，身处朝歌（今河南淇县境内），推断此处贝母应分布于河南。

陆玑注解《诗经》也曾谈到贝母，陆玑主要居住于洛阳，推测此时的"蝱"也应属于土贝母。

郭璞注解《尔雅》曾描述土贝母的植株形态与百合科植物老鸦瓣（*Tulipa edulis*）十分相近。郭璞为河东闻喜（今山西闻喜县）人，由此推断山西亦为土贝母与老鸦瓣（在山西，别名山蛋）的主产地之一[4]。

《名医别录》曰贝母：生晋地，十月采根暴干[17]。其提供了贝母的主产地与采收时间。现今，土贝母通常采收时间为9—10月末，符合"十月采根"的记录，且"晋地"包括现今的河南、山西、陕西与河北等地，这些地区与土贝母的主产地重叠[18]。

南朝时期的《本草经集注》中记录了贝母："今出近道……故名贝母。断谷服之不饥"[13]。"近道"指今江苏南京地区，说明此时土贝母的栽培区已扩展到长江以南地区。

《英公本草》中记载贝母："出润州、荆州、襄州者最佳，江南诸州亦有"[19]。"润州"（今江苏镇江）与"江南诸州"（今长江以南各地）以浙贝母（*Fritillaria thunbergii* Miq.）可能性较大。荆州（今湖北省恩施自治州）与襄州（今湖北襄阳）为湖北贝母（*Fritillaria hupehensis* Hsiao et K.C.Hsia）的主要产地[20]。

《图经本草》中记述贝母："生晋地，今河中、江陵府、郢、寿、随、郑、蔡、润、滁州皆有之"[6]。其中晋地、河中（今山西永济）、郑州（今河南郑州）与蔡州（今河南汝南）可能为土贝母；江陵（今湖北江陵县）、随州（今湖北随县）与郢州（今湖北武汉）可能为湖北贝母；而寿州（今安徽凤台）、滁州（今安徽凤滁县）、润州（今江苏镇江）与滁州（今安徽滁州）可能为浙贝母或安徽贝母（*Fritillaria anhuiensis* S.C.Chen et S.F.Yin）。

《本草纲目》未见贝母产地记载的描述，然考虑李时珍一生游历两湖、江南与华中等地区，推测这些区域以浙贝母与湖北贝母可能性最高[21]。

明代《本草原始》中将贝母分为南贝母与西贝母等二类，南贝母应指浙贝母中的"元宝贝"，而西贝母应泛指产于我国西南和西北部分地区的川贝母及伊贝母[7]。

清代《本草纲目拾遗》载："浙贝出象山，俗呼象贝母"。首次定位浙贝母的道地产区位于浙江省象山市[9]。

民国时期的《增定伪药条辩》注"四川灌县产者为最佳；平潘产者亦佳"[22]。《药物川产辩》认为川贝母"以打箭炉、松潘县等为正道地"[23]。两本著作均认为川贝母的道地产区主要位于四川阿坝与甘孜等地区，并以产地结合形态分类列出不同的品种。

贝母主产地经历了由北向南的迁移历史，三国魏晋以前，入药多为产于河南、山西、陕西与河北等地的土贝母和老鸦瓣；从南北朝到明清时期，分布于长江以南广阔地区的浙贝母、湖北贝母和安徽贝母逐渐取代土贝母和老鸦瓣；明清时期至今，位于西南地区的川贝母成为了主流品种。

四、讨论与小结

贝母作为传统中药，药用历史可追溯到春秋时期，从最初三国魏晋时期的土贝母与老鸦瓣、南北朝至明代的浙贝母、湖北贝母与安徽贝母，明清时期的伊贝母与川贝母，直至《中国药典》的6种贝母品种，逐渐确立了川贝母的药用主流地位。通过本草考证可知，古时所用的贝母鉴定多偏重于叶、花与地下鳞茎等部分的形态比较。古时记载的贝母药效与贝母的现代药理活性——镇咳、祛痰、平喘、镇痛与抗肿瘤等基本一致。但应对不同贝母品种的性状与药性加以区分，明清时已提出将贝母分为浙贝母、川贝母与西贝母。并且，《本经逢原》与《本草纲目拾遗》等著作对不同贝母的药效做了评级，认为川贝最好，西贝（伊贝）次之，象贝（浙贝）再次之。同时，也提出了伊贝母、浙贝母、土贝母与水半夏等为川贝母的混品，不能混充使用。古籍中记载贝母的产地有河南、山西、湖北、安徽、浙江、甘肃与四川等地，总体上，古今贝母的主产区或道地产区呈现由北向南迁移。

中华人民共和国成立后，经过多次补充修正，2020版《中国药典》确定了川贝母的6种基原植物。在实际应用中，康定贝母与浓蜜贝母等川贝母的变种或近缘种也代替川贝母入药[24-25]。为缓解川贝母的市场空缺，国家卫生部于1992年准许湖北贝母入药代替川贝使用[26]。目前，有关川贝母基原植物的分类学地位与亲缘关系尚不明确，比如李培元认为太白贝母为一新种，将其从川贝母中分离出来[27]。但陈心启等[28]与段宝忠等[29]认为太白贝母与卷叶贝母区别较难把握，且有过渡，很可能是卷叶贝母的种下等级。多基原的混合使用严重影响临床疗效的可靠性，单从形态学角度鉴定这些贝母品种难度较大，现代分子生物学技术将为解决这一难题提供一种可行的方案。

参考文献

[1] 余世春，肖培根. 中国贝母属植物种质资源及其应用[J]. 中药材，1991（1）：18-23.

[2] 李山. 诗经析读[M]. 海口：南海出版社，2003：76-77.

[3] 郝鲜行. 尔雅义疏（下一）[M]，北京：北京市中国书店，1982：释草2.

[4] 阮元，校刻. 十三经注疏[M]. 北京：中华书局，2003.

[5] 许慎. 说文解字[M]. 北京：中华书局，1992：21上、23上.

[6] 尚志钧，刘晓龙. 贝母药用历史及品种考察[J]. 中华医史杂志，1995，25（1）：38-42.

[7] 李中立. 本草原始（卷二）[M]. 北京：中医古籍出版社，1999：12.

[8] 阎博华，丰芬，邵明义，等. 川贝母基源本草考证[J]. 中医研究，2010，23（3）：69-71.

[9] 赵学敏. 本草纲目拾遗[M]. 2版. 北京：人民卫生出版社，1983：123.

[10] 吴仪洛. 本草从新[M]. 上海：上海科学技术出版社，1982：32.

[11] 马里千. 虋与菌——苘麻与贝母——澄清中国古代纺织和药物史上的一个问题[J]. 古今农业，1992（04）：31-33.

[12] 周一谋. 阜阳汉简与古药书《万物》[J]. 中医药文化，1990，（1）：36-38.

[13] 王大观. 本草经义疏[M]. 北京：人民卫生出版社，1990.

[14] 叶显纯，叶明柱. 神农本草经临证发微[M]. 上海：上海科学技术出版社，2007：206.

[15] 李时珍. 本草纲目（上册）[M]. 北京：人民卫生出版社，1990：805-806.

[16] 陈仁寿. 浅议《本草汇言》的学术成就与不足[J]. 南京中医药大学学报（社会科学版），2003，4（3）：169-171.

[17] 陶弘景. 名医别录[M]. 尚志钧，辑校. 北京：人民卫生出版社，1988：123.

[18] 黄兵明. 药用植物种植技术[M]. 北京：银冠电子出版社，2003：99-100.

[19] 唐慎微. 经史证类备用本草[M]. 北京：人民卫生出版社，1957：205.

[20] 肖培根. 湖北贝母的研究进展[J]. 中国中药杂志，2002，27（10）：726-728.

[21] 钱超尘，温长路. 笔耕本草嘉惠后学—纪念《本草纲目》初刻暨李时珍逝世410周

年[J]. 河南中医，2003，23（9）：15-19.

[22] 曹炳章. 增订伪药条辨[M]. 福州：福建科学技术出版社，2004，03，35.

[23] 谢宗万. 中药材品种论述[M]. 上海：上海科学技术出版社，第2版，1990：388.

[24] 陈虹. 中药贝母类研究进展[J]. 中药材，1993，16（4）：39-41.

[25] 李玉峰，颜钫，唐琳，等. 浓蜜贝母的组织培养条件及不同时期生物碱积累的研究[J]. 中草药，2002，33（5）：458-459.

[26] 刘杰书. 湖北贝母的本草考证及其品质评价[J]. 湖北中医杂志，2001，23（7）：50-51.

[27] 李培元. 秦岭百合科的新植物[J]. 植物分类学报，1966，11（3）：251-253.

[28] 陈心启，夏光成. 贝母名实考订[J]. 植物分类学报，1977，15（2）：31-46.

[29] 段宝忠，陈锡林，黄林芳，等. 太白贝母资源学研究概况[J]. 中国现代中药，2010，12（4）：12-14.

第二章
川贝母基原植物种质资源

一、全球贝母属植物种质资源

贝母属（*Fritillaria*）是狭义百合科（Liliaceae）中最大属之一，全球有130~140种，为多年生草本植物类，部分种类具有很高的药用价值，是世界园艺及药物研究的重要资原植物[1]。

贝母属的建立可追溯至18世纪50年代，由林奈命名于《植物种志》与《植物属志》[2]。现代研究引用多为Rix的分类大纲。Rix于2001年将贝母属修订为8个亚属：贝母亚属Subgen. *Fritillaria*、多鳞亚属Subgen. *Liliorhiza*、聚花亚属Subgen. *Petillium*、单鳞亚属Subgen. *Theresia*、多花亚属Subgen. *Rhinopetalum*、Subgen. *Davidii*、Subgen. *Korolkowia*、Subgen. *Japonica*[3]。贝母亚属（Subgen. *Fritillaria*）是贝母属中最大的亚属，包括了旧大陆的绝大多数贝母种，分为Sect. *Fritillaria*和Sect. *Olostyleae*两个组。多鳞亚属（Subgen. *Liliorhiza*）包括多个种，主要分布于北美，多为北美特有物种，在我国的华北、东北以及俄罗斯与日本也有几种分布。聚花亚属（Subgen. *Petillium*）包括少数几种，该亚属植物体形较大（植株高度可达100 cm），主要分布于中亚、西亚的土耳其、伊拉克、伊朗、巴基斯坦、阿富汗、喜马拉雅山西部等。多花亚属（Subgen. *Rhinopetalum*）包括5个种，分布于中亚和西亚。该亚属贝母的生境比较特殊，多生长于较干旱的地区。Subgen. *Japonica*分布于日本，包括5个种，因其植物较为矮小，地上茎细而软等性状特征，将其独立为一个亚属[4]。Subgen. *Davidii*、Subgen. *Theresia*和Subgen. *Korolkowia*三个亚属均为单种亚属，Subgen. *Theresia*和Subgen. *Korolkowia*都是单瓣鳞茎，主要分布于西亚[4]。Subgen. *Davidii* 只包含米贝母（*F. davidii*）一个种，该种只具一枚基生叶，不具茎生叶，鳞茎由多枚米粒状小鳞片组成，可以区别于全属任何其他种类，主要分布于我国四川西部[1]。

贝母广泛分布于欧、亚及北美洲的温带地区，尤以中亚、地中海地区的种类最为丰富。地中海地区分布有46种8亚种，占总种数的41.5%。在伊朗—土耳其分布有39种3亚种，占总种数的32.3%，该区不仅有较多原始性状的种，而且有较特化的类群。因此，伊朗—土耳其是贝母属种类分布的多样化中心。但贝母属在该区由于受环境的影响，其种类在该区未得到充分的发展，而在地中海地区，贝母属的种类主要是Sect. *Fritillaria* 的种类得到较大的发展，因此，地中海地区是贝母属的多度中心[4-5]。

贝母属植物具有药用与观赏的双重价值。贝母类药材主要来源于该属植物的鳞茎。在中国传统医学（TCM）中贝母的应用已有2000多年的历史，也是当今应用最广泛的药物之一，具有清热润肺、化痰止咳和抗高血压等功效。除中国外，贝母属中许多种类在喜马拉雅山脉地区（包括印度、尼泊尔和巴基斯坦）、西亚地区（包括伊朗和土耳其等）以及日本、韩国等都有着悠久的药用历史。在印度和巴基斯坦等南亚国家，罗氏贝母（*F. roylei*）被认为是一种不可或缺的药用植物，不仅可以内服外用治疗多种疾病，全株更是可以被榨汁服用起到强身健体的作用。在西亚，许多贝母属物种，特别是皇冠贝母（*F. imperialis*），可内服或外用来治疗伤口和许多疼痛[6]。目前，全世界有超过400家企业生产含贝母的药用制剂200多种（其中，2020年版《中国药典》共收录含贝母的中药制剂82个），平均年产值超过7亿美元，可见，贝母在国际药材市场上有着广泛的需求和贸易交流[6]。

除药用外，贝母属植物兼具一定的园艺观赏价值，可作为观赏植物进行商业开发和利用。贝母属植物不仅叶型叶色赏心悦目（叶宽，绿如带或细柔如丝，先端弧形或卷曲）等，而且花色灿烂斑斓（黄色，黄色带紫斑点，黄绿色带紫色方斑，紫红色带白色斑点，白色等），花香幽雅馥郁，沁人心脾，具有较高的观赏特性。观赏贝母的株高20~100 cm，高杆品种可用于切花栽培、庭院种植、布置花境或基础种植，而矮生品种则适合于盆栽，具有极高的观赏价值及经济价值，在欧美国家得到广泛的开发和利用[7]。其中尤以花贝母（*F. imperialis*）观赏价值最高，育成的品种也最多，为荷兰、英国、法国等欧洲国家以观赏为目的主栽种类。花贝母，又名皇冠贝母，原产于土耳其北部至南亚北部地区。其植株挺拔，株高60~100 cm，叶片浅绿色，波状披针形，先端卷须状，花较大，多朵聚生茎顶，钟状倒垂，花色有红、黄、橙、紫等，春季开花，花期持续2~3周。

二、中国贝母属种质资源

我国贝母属自然种质资源丰富。1980年《中国植物志》记载20种2变种，随着野外调查工作的深入，本属新植物种不断增加，有文献发表的贝母及变种已经超过100种。2000年，*Flora of China*[1]对贝母属植物种类进行了大量的归并，最终记载我国有24种2变种，其中15种为中国特有种。这些贝母属植物可分为三个组：贝母组（*Sect. Fritillaria*）、多鳞片组（*Sect. Liliorhiza*）、多花组（*Sect. Theresia*）。其中多鳞片组包括米贝母（*F. davidii*）和轮叶贝母（*F. maximowiczii*），鳞茎由多枚肉质鳞片组成。多花组只有砂贝母（*F. karelinii*）一个种，鳞茎由2枚肉质鳞片组成；花多朵，排成总状花序，一般较小。其余贝母均属于贝母组，鳞茎由2（-3）枚肉质鳞片组成；花通常单朵，一般较大[1]。瓦布贝母长期均作川贝母用，1983年唐心曜和岳松健将它作为一个独立的种命名为瓦布贝母（*F. wabuensis*），予以正式发表[8]。1992年罗毅波和陈心启（1996）将其归并入粗茎贝母（*F. crassicaulis*）作为异名[9]；而刘震东等[10]基于营养体和花部形态，将瓦布贝母（*F. wabuensis*）降为暗紫贝母的一个变种：*F. unibracteata* var. *wabuensis*，沿用至今。

我国贝母属植物除广东、广西、海南、江西、台湾等省未见记载外，其他省区均有分布，其中以四川（16）、新疆（9）、青海（8）、甘肃（8）等省区种类最为丰富。根据《中国植物志》[11]、*Flora of China*[1]的记载及相关文献整理出我国贝母属24种3变种的特征、分布及生境情况，如表2-1所示。

贝母属植物的干燥鳞茎为"贝母"药材，在我国具有悠久的使用历史，用于清热润肺、化痰止咳。最早的记载为汉代《神农本草经》，列为中品。1963年版《中国药典》首次收录浙贝母、川贝母为贝母药材；1977年版增加了伊贝母、平贝母药材；2000年版增加了湖北贝母；2000—2020年版《中国药典》均收载了平贝母、浙贝母、川贝母、伊贝母、湖北贝母5种贝母药材[12]。2020年版《中国药典》[13]收载5种贝母类药材的基原植物共11种，其中，川贝母基原植物6种（含变种），伊贝母基原植物2种，平贝母、浙贝母、湖北贝母各1种基原植物。而在地方上有多个物种未加区分采集，在药材市场上流通使用。例如，新疆地区分布的9种贝母属植物在当地民间临床用药时，均作为伊贝母药材使用[14]。根据潘宣等[15]的初步调查、统计，地方上有21种（变种）的贝母属植物均作为川贝母药材使用和流通。浙贝母、平贝母目前在市场流通的均为栽培品[4]。

表2-1 中国贝母属植物种类

组	序号	种名	拉丁名	主要特征	分布	生境
贝母组（Sect. Fritillaria）鳞茎由2（-3）枚肉质鳞片组成，花通常单朵，较少2-4（-6）朵，一般较大	1	伊贝母	*Fritillaria pallidiflora* Schrenk ex Fischer et C. A. Meyer, Enum.	鳞茎2鳞片，鳞茎皮较厚。叶互生，有时也近对生或近轮生；叶片宽披针形的或长圆状披针形。花1~4朵，淡黄色，内有暗红色斑点，下垂，钟状；苞片单生，先端不卷曲。蜜腺窝在背面明显凸出。蒴果具宽翅。花期5—6月，果期9月。	新疆西北部	生于海拔1300~2500 m的林下、灌丛、草甸、草坡、山干草原
	2	额敏贝母	*Fritillaria meleagroides* Patrin ex Schultes et J. H. Schultes	鳞茎2或3鳞片，近球形；叶互生；叶片线形，先端有时弄弯。花单生，深紫色或深棕紫色，稍有棋盘格或斑点，钟状，下垂；苞片单生，先端渐尖。蜜腺线形。蒴果无翅。花期5—6月。	新疆西北部	生于海拔900~2400 m的泥滩、湿草地、沼泽地
	3	华西贝母	*Fritillaria sichuanica* S. C. Chen	鳞茎2或3鳞片，卵球状球形，叶片线形到线状披针形，先端无卷须。花序1或2（或3）花，黄绿色，钟状，下垂；苞片单生。蜜腺卵形到长圆形的背面稍凸出。蒴果狭翅。花期5—6月，果期8—10月。	甘肃南部、青海南部、四川西部	生于海拔2000~4000 m的小山灌丛，草坡
	4	川贝母	*Fritillaria cirrhosa* D. Don	鳞茎2鳞片；叶对生或有时也3或4轮生和互生；叶片线形到线状披针形，先端弯曲或卷曲。花通常单朵，极少2~3朵，黄色或黄绿色，稍有或明显的紫色斑点或小方格，钟状，下垂；苞片3，先端弯曲或卷曲。蜜腺椭圆形到卵形，凸出。蒴果狭翅；花期5—7月，果期8—10月。	四川、青海、甘肃、西藏、云南	生于海拔3200~4600 m林中、灌丛下、草地或河滩、山谷等湿地或岩缝中
	5	太白贝母	*Fritillaria taipaiensis* P. Y. Li	鳞茎2鳞片，卵球形；叶片线形到线状披针形，先端有时稍弯曲。花单（或2）朵，黄绿色，密被紫色斑点，下垂钟状；苞片3，先端有时弯曲。蜜腺稍凸出背面。蒴果具翅。花期5—6月，果期6—7月。	甘肃、湖北、陕西、四川	生于海拔2000~3200 m的山坡灌丛或草坡

续 表

组	序号	种名	拉丁名	主要特征	分布	生境
贝母组（Sect. Fritillaria）鳞茎由2（-3）枚肉质鳞片组成；花通常单朵，较少2-4（-6）朵，一般较大	6	榆中贝母	*Fritillaria yuzhongensis* G. D. Yu et Y. S. Zhou	鳞茎2或3鳞片，卵球形。叶基部对生，其他部位互生或有时近对生；叶片线形到狭披针形，先端通常弯曲或卷曲。花单（或2）朵，黄绿色，略带紫色，近长圆形到近卵形小方格；下垂，钟状；苞片3，先端卷曲；蜜腺近圆形，凸出背面。蒴果狭翅。花期6月。	甘肃、河南、宁夏、陕西、山西	生于海拔1800~3500 m的草坡
	7	粗茎贝母	*Fritillaria crassicaulis* S. C. Chen	鳞茎2鳞片，卵球形，鳞茎皮较厚。茎较粗。叶基部通常对生，中间和上部轮生、对生或互生；叶片长圆状披针形的到披针形，先端渐尖。花单朵（或2~3）朵，黄色或者黄绿色；有褐紫色斑点或小方格，下垂，钟状；苞片3，先端渐尖。蜜腺棕黄色。蒴果狭翅；花期5—6月，果期7—8月。	四川西南部、云南西北部	生于海拔2500~3400 m的林下、高山草甸
	8	中华贝母	*Fritillaria sinica* S. C. Chen	鳞茎2或3鳞片，卵球形。叶轮生或对生，长披针形，先端渐尖，无卷曲。花单（或2）朵，橄榄绿色，具深紫色斑点，长圆状椭圆形至倒卵形，钟状；苞片1~3，先端渐尖。蜜腺卵形或圆形。蒴果狭翅，具宿存花被。花期5—6月，果期7—8月。	四川西部	生于海拔3400~3600 m稀疏灌丛、草坡
	9	天目贝母	*Fritillaria monantha* Migo	鳞茎2或3鳞片。叶对生，轮生，和互生；叶片长圆状披针形的到披针形，先端稍有卷曲。花单朵1(-4)，黄绿色到浅紫色，具棕黄色或深紫色斑点或小方格，下垂，管状；苞片（1-）3，先端通常稍或强烈有卷曲。蜜腺窝在背面明显凸出。蒴果具宽翅。花期4—6月，果期6—7月。	安徽、河南、湖北、江西、四川、浙江	生于海拔100~1600 m林下、水边或潮湿地方

续表

组	序号	种名	拉丁名	主要特征	分布	生境
贝母组（Sect. Fritillaria）鳞茎由2(-3)枚肉质鳞片组成；花通常单朵，较少2-4(-6)朵，一般较大	10	新疆贝母	*Fritillaria walujewii* Regel	鳞茎2鳞片，叶线形到披针形，上部叶先端稍卷曲。花单朵（或具2或者在粗壮植株上多花），紫色，具黄色小方格，下垂，钟状；苞片3，先端强烈卷曲。蜜腺窝在背面明显凸出，几乎成直角。蒴果具宽翅。花期5—6月，果期7—8月。	新疆	生于海拔1300~2000 m的林下、草地或沙滩石缝中
	11	黄花贝母	*Fritillaria verticillata* Willdenow	鳞茎2鳞片。叶基部2对生，其余4~7轮生，狭披针形到线形，先端强烈卷曲。花1~5朵，淡黄色，下垂，钟状；苞片2或3，先端强烈卷曲。蜜腺窝在背面明显凸出，成直角。蒴果具翅。花期4—6月，果期7月。	新疆西北部	生于海拔1300~2000 m石质山坡上
	12	浙贝母	*Fritillaria thunbergii* Miquel	鳞茎2或3鳞片，叶线形披针形的到披针形，先端通常稍有卷曲。花1~6朵，淡黄色，有时稍带淡紫色，下垂，钟状；苞片2~4，先端卷曲。蜜腺小。蒴果具宽翅。花期3—4月，果期5—6月。	安徽、江苏、浙江	生于近海平面到海拔600 m山丘荫蔽处或竹林下
	12a	东阳贝母	*Fritillaria thunbergii* var. *chekiangensis*	鳞茎3鳞片。植物较矮小，叶以对生为主。	浙江	
	13	托里贝母	*Fritillaria tortifolia* X. Z. Duan et X. J. Zheng	鳞茎2或3鳞片，卵球形。叶线形到披针形，基部螺旋扭转，先端通常有卷曲。花单朵（或更多），白色或淡黄色具紫色或棕色小方格，下垂，钟状；苞片3，比叶小，扭转，先端卷曲，蜜腺窝在背面明显凸出，成直角。蒴果具宽翅。花期4—5月，果期6月。	新疆西北部	生于海拔1500~2100 m灌丛，高山草坡

续 表

组	序号	种名	拉丁名	主要特征	分布	生境
贝母组（*Sect. Fritillaria*）鳞茎由2（-3）枚肉质鳞片组成；花通常单朵，较少2-4（-6）朵，一般较大	14	平贝母	*Fritillaria ussuriensis* Maximowicz	鳞茎2鳞片，周围常有少数小鳞茎。叶线形到披针形，先端有时稍卷曲。花1~3朵，紫色具黄色小方格，下垂，管状；苞片2（顶端花叶状苞片4~6），先端强烈卷曲。蜜腺窝在背面明显凸出，成直角。蒴果无翅。花期5—6月，果期7月。	黑龙江、吉林、辽宁、北京昌平也开始栽培	生于近海平面到海拔500 m的林下、灌丛、草甸或河谷
	15	裕民贝母	*Fritillaria yuminensis* X. Z. Duan	鳞茎2或3鳞片，近球形。基部叶对生，中间3~4轮生，上部对生或互生，披针形到线形，先端卷曲。花单朵（或更多），粉红色、淡蓝或深蓝色，下垂，钟状；苞片3，先端卷曲。蜜腺窝在背面明显凸出，成直角。蒴果具宽翅。花期4—5月，果期6—7月。	新疆西北部	生于海拔1700~2800 m的林边、开阔的陡崖
	16	甘肃贝母	*Fritillaria przewalskii* Maxim.ex Batal.	鳞茎2鳞片。叶基部2对生，其余互生或偶有近对生；线形到狭披针形，先端有时稍弯曲。花单朵，少有2朵的，浅黄色，有黑紫色斑点，下垂，钟状；苞片1，先端稍卷曲或不卷曲。蜜腺窝不显眼。蒴果狭翅。花期6—7月，果期8月。	甘肃南部，青海东部、四川	生于海拔2800~4400 m的灌丛、草地
	17	暗紫贝母	*Fritillaria unibracteata* P. K. Hsiao et K. C. Hsia	鳞茎2鳞片。叶基部2对生，其余互生或对生；线形到线状披针形，先端不卷曲。花单朵，深紫色，有黄褐色小方格，钟状；苞片1，先端不卷曲。蜜腺不明显或稍凸出。蒴果狭翅。花期5—6月，果期8月。	甘肃南部、青海东南部、四川西北部	生于海拔3200~4700 m的灌丛、草甸
	17a	长腺贝母	*Fritillaria unibracteata var. longinectarea* S. Y. Tang et S. C. Yueh	花钟状。蜜腺强烈凸出	四川西北部	生于海拔3200~4700 m的灌丛、草甸

续 表

组	序号	种名	拉丁名	主要特征	分布	生境
贝母组（Sect. Fritillaria）鳞茎由2(-3)枚肉质鳞片组成；花通常单朵，较少2-4(-6)朵，一般较大	17b	瓦布贝母	*Fritillaria unibracteata* Hsiao et K. C. Hsia var *wabuensis* (S. Y. Tang et S. C. Yue) Z. D. Liu, S Wang et S. C. Chen	植株较高，蜜腺窝长5~8 mm	四川西北部（北川、黑水、茂县、松潘）	生于海拔2500~3600 m的灌木林和草丛中
	18	大金贝母	*Fritillaria dajinensis* S. C. Chen	鳞茎2或3鳞片，卵球形。叶线形到线状披针形，先端不卷曲。花1(-4)朵，黄绿色，背面近基部具紫色斑点，钟状；苞片1，先端渐尖。蜜腺窝不凸出。蒴果狭翅，具宿存花被。花期6月，果期7月。	四川西北部	生于海拔3600~4400 m的灌丛，草甸
	19	梭砂贝母	*Fritillaria delavayi* Franch.	鳞茎2或3鳞片，近球形或卵球形。叶3~5（包括叶状苞片），较紧密地生于植株中部或上部，全部散生或最上面2枚对生，狭卵形至卵状椭圆形，先端钝或圆形，不卷曲。花单朵，浅黄色，具红褐色斑点或小方格，钟状；蜜腺窝不显眼。蒴果狭翅，多少藏于宿存花被。花期6—7月，果期8—9月。	青海、四川、西藏、云南	生于海拔3400-5600 m的沙石地或流沙岩石的缝隙中
	20	高山贝母	*Fritillaria fusca* Turrill	鳞茎2鳞片，卵球形。叶2，极少3，近对生或互生，椭圆形到近长圆形，先端不卷曲。花单朵，紫褐色，有方格斑，下垂。蒴果无翅。花期7月。	西藏南部	生于海拔5000~5100 m开旷潮湿石滩上
	21	安徽贝母	*Fritillaria anhuiensis* S. C. Chen et S. F. Yin	鳞茎2或3鳞片，里面具很多米饭粒状、卵圆形、钝圆锥形或者有点菱形，大小不同的珠芽。叶基部通常对生或轮生，中间和上部对生，或互生，长圆状披针形，先端渐尖。花一般单朵，暗紫色且伴有白色斑，或白色伴有紫色斑（或方格状），管状，下垂；苞片3，先端不卷曲。蜜腺窝在背面出凸。蒴果具宽翅。花期3—4月，果期5—6月。	安徽、河南	生于海拔600~900 m林下，灌丛，草坡

续 表

组	序号	种名	拉丁名	主要特征	分布	生境
多花组（Sect. Theresia）花多朵，排成总状花序，一般较小	22	砂贝母	*Fritillaria karelinii* (Fisch.) Baker	鳞茎2鳞片。茎在地上部分连同花序轴、花梗、苞片和上部的叶都具乳突状毛。叶基部近对生，披针形，上部互生，线形。花3~13朵，较小，多少两侧对称，近浅红紫色，具暗色斑点或小方格；苞片2，线形。蜜腺窝囊状，其中一个较大，明显凸出。蒴果无翅。花期4月，果期5—6月。	新疆西北部	生于沙土，石质山坡，砾石碎石中
多鳞片组（Sect. Liliorhiza）鳞茎由多枚肉质鳞片组成	23	轮叶贝母	*Fritillaria maximowiczii* Freyn.	鳞茎4~6或更多鳞片，周围又有许多米粒状小鳞片（易脱落），通常在花期间分开。叶3~6枚成1轮（极少2轮）和偶有1或2小叶在轮和花之间的；线形到线状披针形，先端不卷曲。花单朵，少有2朵，紫色，稍有黄色小方格，下垂，钟状；苞片1，先端不卷曲，蜜腺窝在背面凸出。蒴果具翅。花期6月。	河北、黑龙江、吉林、辽宁	生于海拔1400~1500 m林边，灌丛，草坡
	24	米贝母	*Fritillaria davidii* Franchet	鳞茎3~10球状鳞片，周围许多米粒状小鳞片，呈莲座状。茎上无叶，仅在顶端有3~4枚苞片（多少花瓣状），基生叶1~4，叶柄细长，椭圆形或卵形，先端锐尖。花单朵，黄色，有紫色小方格，内面有许多小疣点，钟状；苞片3或4，密集；花梗短花被片，近长圆形椭圆的棋盘格，正面的具小乳突具瘤。蜜腺窝不显眼。花期3—5月。	四川西部	生于海拔1600~2600 m的河边草地或岩石缝中，以及阴湿多岩石之地

三、川贝母药材的种质资源

川贝母是中药贝母类药材中药用价值最高的类群，在传统中药中使用广泛，开发价值高，市场需求很大。早期的"川贝母"药材商品，是指产于四川及其相邻诸省区10余种贝母属植物鳞茎的统称。川贝母的基原植物在历版《中国药典》收载变化较大。1963年版《中国药典》开始收载川贝母药材，其基原植物为罗氏贝母 *Fritillaria roylei* Hook. 和卷叶贝母 *F. cirrhosa* D. Don。1977—2005年版收录的川贝母药材基原植物为川贝母 *F. cirrhosa* D. Don、暗紫贝母 *F. unibracteata* Hsiao et K. C. Hsia、甘肃贝母 *F. przewalskii* Maxim.、梭砂贝母 *F. delavayi* Franch.。将1963版中的卷叶贝母改为川贝母，《中国植物志》又将罗氏贝母归并到川贝母中，因此罗氏贝母 *F. roylei* Hook. 和卷叶贝母 *F. cirrhosa* 均为川贝母 *F. cirrhosa* D. Don。20世纪80年代，瓦布贝母 *F. unibracteata* Hsiao et K. C. Hsia var. *wabuensis*（S. Y. Tang et S. C. Yue）Z. D. Liu, S. Wang et S. C. Chen和太白贝母 *F. taipaiensis* P. Y. Li的种植技术日趋成熟，适合低海拔地区种植，产量也较大，因此，在2010年版《中国药典》新增为川贝母的基原[16-17]。2015—2020年版《中国药典》中川贝母药材基原与2010年版相同，均为6种（变种）基原植物，即川贝母（*F. cirrhosa* D. Don）、暗紫贝母（*F. unibracteata* Hsiao et K. C. Hsia）、甘肃贝母（*F. przewalskii* Maxim.）、梭砂贝母（*F. delavayi* Franch.）、太白贝母（*F. taipaiensis* P. Y. Li）或瓦布贝母[*F. unibracteata* Hsiao et K. C. Hsia var. *wabuensis*（Y. Tang et S. C. Yue）Z. D. Liu, S. Wang et S. C. Chen][13]。

川贝母商品药材的基原植物生长在海拔1800～4000 m的山坡草丛和阴湿的灌木丛中，具有耐寒、喜湿、喜荫蔽的特性。主要分布于青藏高原东部地区，东经95°~107°，北纬28°~36°的区间，包括四川、西藏、青海、甘肃、云南等省区。该地区因喜马拉雅造山运动和青藏高原山系的隆起，形成了切割程度多大于1000 m的沟谷深切的山地，造成了该地区气候条件、生态环境的复杂多样，以及植物种类的多样性和特异性。贝母属植物在该地区显示出形态变异—地理分异与分布呈明显的相关性以及贝母属植物就地分化演进的趋势，并且种质资源丰富，是贝母属植物的密度中心及现代分布和分化中心[15]。少数种类也延伸分布到陕西省、重庆市和山西省。

1. 川贝母药材基原植物的生物学特征及分布

川贝母为多年生草本植物,从种子萌发到开花结果,一般要经过4~5年时间。原植物1~4年为营养生长阶段,第5年以后进入生殖生长阶段。随着生长年限的不同,各种器官的形态特征发生不同的变化。通常,秋季种子下土后,次年春天发出一片针状的叶,叶枯萎后地下留有一个直径3~4 mm的鳞茎;第二年从小鳞茎发出1~2片披针形的叶子,鳞茎继续膨大,直径达7~8 mm;第三年一般能长出几片更大的基生叶,少数还有主茎,地下的鳞茎多为一个,少数为两个,直径可达1.5~1.8 cm;第四年一般都有主茎并具花蕾或能开花,但不结果,地下鳞茎萎烂,重新生成两个新鳞茎;第五年则大多数都能开花结果,地下生成的两个新鳞茎都比较大,可供药用。完全长成的鳞茎,通常在次年能发出两个主茎,地上部分枯萎后旧鳞茎也逐渐萎烂,留下两个新鳞茎。这个生长周期的长短,不同的种类以及随着生长环境的变化,小有差异。多数川贝母来原植物鳞茎的无性繁殖速度非常慢,通常是种1得1,而甘肃贝母与暗紫贝母1年龄和2年龄的新鳞茎,可在鳞茎盘下可抽生出地下走茎1~4条,每条走茎上可分生出1~3对小鳞茎,具有快速繁殖的特性[8, 15]。人们通常把只具1~2片叶子的植株叫"一片草"或"双飘带";有茎无花的叫"树儿子";有花而不能结果的叫"气死花";能结果的花叫"灯笼花",果实叫"八挂锤"。这些对于判断地下鳞茎的大小,掌握采收时期,具有重要意义[8]。

川贝母药材6种基原植物在花形态、颜色、斑点、蜜腺窝、花被片在果实成熟期是否脱落、苞片数量、卷曲与否、蒴果形态等方面存在明显差异,六种贝母的详细特征如下[1, 8, 18]:

(1)川贝母(*Fritillaria cirrhosa* D. Don)

川贝母又称卷叶贝母,植株高度15~50 cm,叶片长4~12 cm,呈细条形或条状披针形,对生,少数在中部兼有散生或3~4枚轮生,先端卷曲呈卷须状,少数或卷曲不明显。花单生于茎顶,少数2~3朵,钟状下垂,黄绿色,有的具有紫色斑点或小方格,具3枚狭长叶状苞片。蒴果六角矩形,种子薄而扁平,鳞茎圆锥形或近球形,约1~1.5 cm,由2枚鳞片组成(图2-1)。

川贝母生于海拔2800~4700 m的灌林丛中、草地、河滩、山谷等湿地或岩缝中。主要分布于川西南山地河谷区及川西高山峡谷区南段,主产四川康定、甘孜、理塘、雅江、小金、金川等地。川贝母作为名贵药材,野生资源过度采伐破坏严重。四川川贝母资源蕴藏量呈逐年下降的趋势,蕴藏量不足100 t,资源最大可持续利用量不足20 t。

图2-1　川贝母（卷叶贝母）植株

（2）暗紫贝母（*Fritillaria unibracteata* P. K. Hsiao et K. C. Hsia）

暗紫贝母又称乌花贝母、松贝母，植株高度15~23 cm。下部叶片1~2枚对生，上部1~2枚叶片散生或对生。叶片长3.6~5.5 cm，条形或条状披针形，先端不卷曲。花单朵，下垂呈钟状，深紫色，具黄褐色小方格。叶状苞片1枚，先端不卷曲。蒴果长1~1.5 cm，宽1~1.2 cm，棱上的翅很狭，宽约1 mm。鳞茎呈圆锥形或心脏形，约5~9 mm，由大小2枚鳞片组成，大鳞叶紧裹小鳞叶，小鳞叶露出部分呈新月形，习称"怀中抱月"（图2-2）。

暗紫贝母是典型的高山植物，主要分布于川西北高原区及川西高山峡谷区北段，主产四川松潘、红原、若尔盖、九寨沟、茂县、理县、汶川、金川等地。生于海拔1800~4000 m阳光充足的高山灌丛草甸或草坡碎石中。由于暗紫贝母被大量地采挖，其野生资源存量急剧减少，趋于枯竭。目前暗紫贝母资源蕴藏量仅80 t左右，年最大可持续利用量不足15 t。

图2-2　暗紫贝母植株

（3）甘肃贝母（*Fritillaria przewalskii* Maxim）

甘肃贝母又称秦贝，岷贝。植株高度20~40 cm。下部叶片2枚对生，上部2~3枚叶片散生。叶片呈条形，长3~7 cm，先端不卷曲。花呈倒钟状，通常单朵，少2朵，浅黄色，少数具有花冠局部有紫色斑块。叶状苞片1枚，先端不卷曲。蒴果长约1.3 cm，宽1~1.2 cm，棱上的翅很狭，宽约1 mm。鳞茎呈圆锥形、心形或卵圆形，直径约6~13 mm，由大小2枚鳞片组成，鳞片紧密抱合，无裂隙（图2-3）。

甘肃贝母资源主要为野生资源。主要分布于川西北高原区及川西高山峡谷北段，主产四川康定、雅江、九龙、丹巴、小金、汶川、茂县等地，以及甘肃玛曲、碌曲、迭部、岷县、周曲、西和、漳县等地。生于海拔1800~4000 m高山灌丛草甸。由于大量采挖，野生资源存量大幅下降，目前资源蕴藏量有60 t左右，年最大可持续利用量不足10 t。

图2-3　甘肃贝母植株

（4）梭砂贝母（*Fritillaria delavayi* Franch.）

梭砂贝母，又称炉贝、知贝、德氏贝母、阿皮卡。植株高度17~35 cm。叶片长2~7 cm，宽1~3 cm，先端不卷曲，狭卵形至卵状椭圆形，3~5枚（包括叶状苞片），散生，通常集中生于植株中部或上部。花单朵，下垂呈钟状，浅黄色，具红褐色斑点或小方格。鳞茎呈圆锥形或长卵圆形，形似马牙状，由2~5枚鳞片组成，直径约1~2 cm，顶端较瘦尖，呈开口状，露出心芽（图2-4）。

梭砂贝母资源均为野生资源。主要分布于川西北高原及川西高山峡谷区，主产四川甘孜、小金、红原、康定、宝兴、稻城、汶川，青海称多、杂多、玉树，西藏察隅、八宿、加查，云南丽江等地。生于海拔1800~4000 m砂石地或流沙岩石缝隙中。梭砂贝母分布区域较窄，资源最大可持续利用量仅8 t左右，但需求量大，供不应求。

图2-4　梭砂贝母植株

（5）太白贝母（*Fritillaria taipaiensis* P. Y. Li）

太白贝母简称太贝，植株高度30~50 cm。叶通常对生，有时中部兼有3~4枚轮生或散生的，细条形至条状披针形，长5~10 cm，宽3~12 mm，先端通常不卷曲。花单朵，下垂呈钟状，黄绿色，无方格斑，叶状苞片3枚。花被片先端边缘有紫色斑带。蒴果长1.8~2.5 cm，棱上有宽0.5~2 mm狭翅。鳞茎扁卵圆形或圆锥形，直径0.6~1.2 cm，高4~8 mm，外层两枚鳞叶近等大，顶端开裂，底部平整（图2-5）。

太白贝母生于海拔2400~3100 m的山坡草丛或溪流边上，因产于秦岭太白山而得名，为陕西地方特产，药用历史悠久。20世纪70年代，四川等地开始对太白贝母野生种进行驯化栽培，随着栽培技术的成熟，目前在重庆、陕西、湖北、四川等地均有大量种植。

图2-5 太白贝母植株

（6）瓦布贝母 [*Fritillaria unibracteata* Hsiao et K.C.Hsia var. *wabuensis*（S. Y. Tang et S. C. Yue）Z. D. Liu, S Wang et S. C. Chen]

瓦布贝母是川贝母的近缘种，长期以来作为川贝母药材中药基原种，作为川贝用。因其鳞茎个体大，似蒜，又被称为"蒜贝"，是20世纪60年代在四川阿坝州瓦钵梁子乡发现并命名。植株高度50~80 cm，有时可达115 cm。下部叶片常2枚对生，上部叶片轮生兼互生；多数叶两侧边不等长略似镰形，有的披针状条形，长7~13 cm，宽9~20 mm，先端不卷曲。花1~2朵，稀3朵，初开时黄绿色至黄色，4~5天后花被外出现紫色或橙色浸染，叶状苞片1~4枚。蒴果长3~5 cm，宽1.4~1.8 cm，棱上翅宽2 mm或更狭。鳞茎扁球状，直径可达3 cm，鳞片2枚（图2-6）。

图2-6 瓦布贝母植株

瓦布贝母主要分布于四川阿坝松潘地区，生长于海拔2600~4500 m山坡草丛或阴湿的小灌丛中。现野生资源枯竭，商品几乎绝迹。

川贝母6个基原植物的特征差异及分布情况分别如图2-7和表2-2所示。

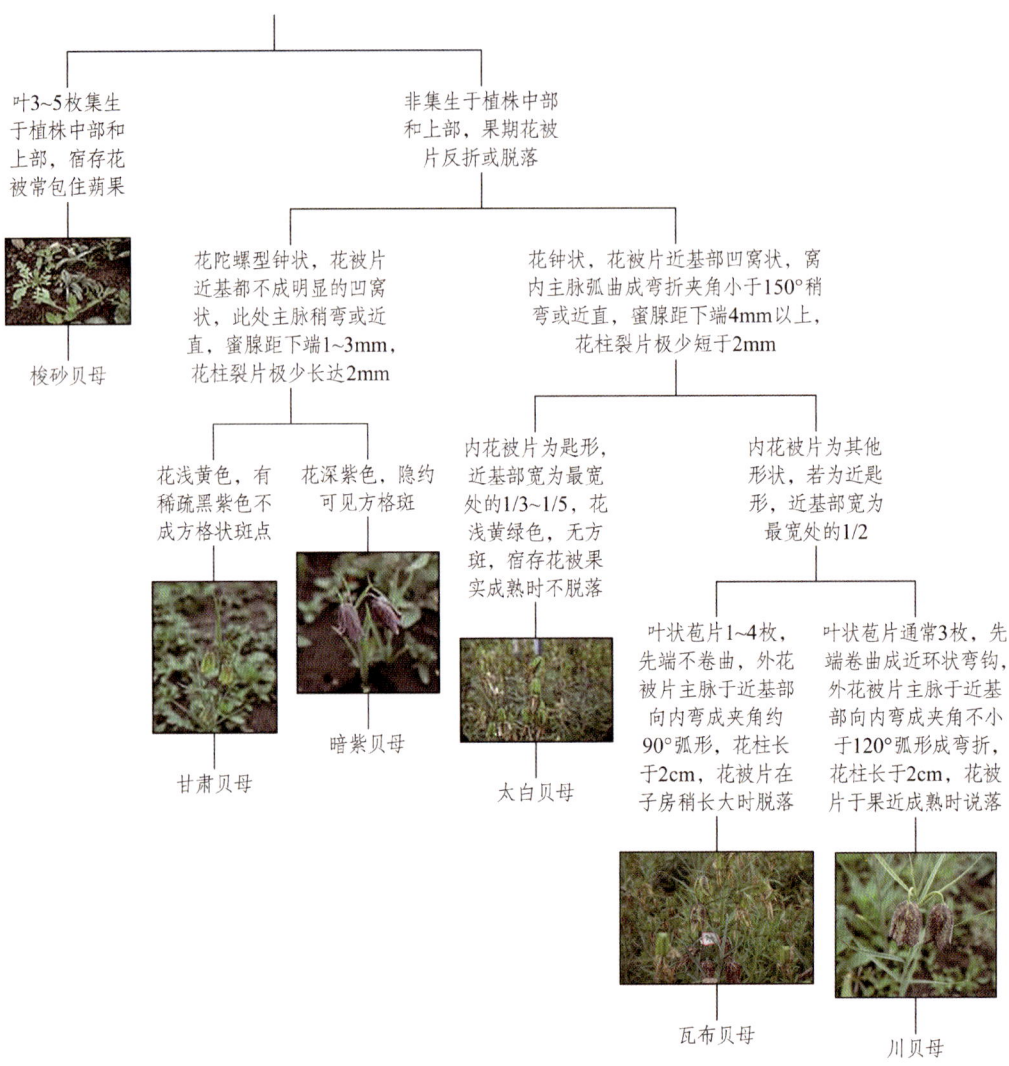

图2-7　川贝母6个基原植物的特征差异

表2-2 川贝母6个基原植物的分布情况

种类	分布
川贝母	西藏：八宿、亚东、林周、米林、嘉黎、波密、芒康、吉隆、察隅、左贡；云南：丽江、贡山、维西、德钦、中甸、大理、漾濞、禄劝、卡尔达河；四川：稻城、九龙、雅江、汶川、冕宁、木里、普格、宝兴、马边、汉源、昭觉、峨边、美姑、金阳、布拖、西昌；青海：囊谦
梭砂贝母	西藏：察隅、八宿、加查；云南：丽江；四川：小金、甘孜、炉霍、红原、白玉、石渠、德格、理塘、康定、宝兴、九龙、乡城、稻城、木里、汶川；青海：称多、杂多、囊谦、玉树、班玛
甘肃贝母	四川：汶川、南坪、甘孜、石渠、白玉、德格、曾石、色达、若尔盖、康定、稻城；甘肃：玛曲、碌曲、迭部、岷县、周曲、林潭、西和、洮河下游、漳县、夏河、永登；青海：民和、湟中、乐都、互助、尖扎、同仁、泽库、河南、贵南、杨福囤、玛沁、武敏
暗紫贝母	四川：什邡、汶川、理县、刷经寺、马尔康、茂县、黑水、松潘、红原、阿坝、若尔盖、南坪、金川、平武；甘肃：玛曲、迭部、夏河；青海：同德、兴海、久治
太白贝母	陕西省秦岭一带及其以南地区；甘肃省东南部；四川省巴中、青川、平武；湖北五峰、房山
瓦布贝母	四川北川、黑水、茂县、松潘以及相邻的青海、甘肃、西藏交界地区等地

2. 川贝母药材性状

据2020版《中国药典》[13]，川贝母干燥鳞茎按性状不同分别为"松贝""青贝""炉贝"和"栽培品"。"松贝"和"青贝"主要来源于川贝母、暗紫贝母和甘肃贝母；"炉贝"主要来源于梭砂贝母；栽培品主要来源于瓦布贝母和太白贝母少量来源于暗紫贝母和川贝母。市售松贝、青贝、炉贝药材如图2-8所示。

松贝：呈类圆锥形或近球形，高0.3~0.8 cm，直径0.3~0.9 cm。表面类白色。外层鳞叶2瓣，大小悬殊，大瓣紧抱小瓣，未抱部分呈新月形，习称"怀中抱月"；顶部闭合，内有类圆柱形、顶端稍尖的心芽和小鳞叶1~2枚；先端钝圆或稍尖，底部平，微凹入，中心有1灰褐色的鳞茎盘，偶有残存须根。质硬而脆，断面白色，富粉性。气微，味微苦。

青贝：呈类扁球形，高0.4~1.4 cm，直径0.4~1.6 cm。外层鳞叶2瓣，大小相近，相对抱合，顶部开裂，内有心芽和小鳞叶2~3枚及细圆柱形的残茎。

炉贝：呈长圆锥形，高0.7~2.5 cm，直径0.5~2.5 cm。表面类白色或浅棕黄色，有的具棕色斑点。外层鳞叶2瓣，大小相近，顶部开裂而略尖，基部稍尖或较钝。

栽培品：呈类扁球形或短圆柱形，高0.5~2 cm，直径1~2.5 cm。表面类白色或浅棕黄色，稍粗糙，有的具浅黄色斑点。外层鳞叶2瓣，大小相近，顶部多开裂而较平。

图2-8　市售松贝、青贝、炉贝药材

四、小结

我国贝母资源丰富，用药历史悠久。了解贝母属植物种质资源及特征，可以为川贝母种质资源的合理利用提供依据。川贝母药材主要来源于野生供应，川贝母在临床处方用药中所占份额较大，以川贝母为原料生产的中成药达200多种。虽然川贝母野生植物资源种类丰富，但破坏严重，自然资源短缺，几近濒危状态。因此，需要加强对野生资源的保护，同时确定川贝母生长适宜地区，发展川贝母野生抚育及人工驯化栽培，培育具有快速繁殖特性的优良品种，改善栽种技术和条件，制定川贝母规范化、规模化种植规程，促进川贝母产业的发展。

参考文献

[1] Chen X, Mordak H V. *Fritillaria*, *Flora of China* 24: 127-133. 2000.（植物智：贝母属 http://www.iplant.cn/info/Fritillaria?t=foc）

[2] 余世春，肖培根．中国贝母属植物种质资源及其应用[J]．中药材，1991，14（1）：18-24.

[3] Ronsted N, Law S, Thornton H,et al. Molecular phylogenetic evidence for the monophyly of *Fritillaria* and *Lilium* (Liliaceae; Liliales) and the infrageneric classification of *Fritillaria*[J]. Mol Phylogenet Evol. 2005 Jun; 35（3）：509-27.

[4] 赖宏武．多基源贝母类药材的资源学研究[D]．北京：北京协和医学院，2014．

[5] 梁松筠．百合科（狭义）植物的分布区对中国植物区系研究的意义[J]．植物分类学报，1995（01）：27-51．

[6] 车朋．青藏高原及其毗邻地区贝母类药材资源学研究[D]．北京：北京协和医学院，2020．

[7] 袁燕波，郝丽红，于晓南．贝母属观赏植物种质资源及其园林应用价值[J]．中国野生植物资源，2013，32（05）：32-37，44．

[8] 中国科学院植物志编辑委员会．中国植物志[S]．北京：北京科学出版社，2001．

[9] 唐心曜，岳松健．贝母属植物三新种[J]．四川医学院学报，1983，14（4）：327—334．

[10] Luo Y, Chen X.A revision of *Fritillaria* L. (Liliaceae) in the Hengduan Mountains and adiacent regions China（Ⅱ）[J]. Acta Phytotaxonomica Sinica, 1996, 34(5): 547-553.

[11] 刘震东，王曙，陈心启．关于瓦布贝母的分类等级研究[J]．云南植物研究，2009，31（2）：145-145．

[12] 王玲玲，王曙，曲建博，等．含贝母药材的中药制剂质量控制研究的思考[J]．中草药，2021，52（11）：3462-3466．

[13] 国家药典委员会．中国药典[S]．北京：中国科技出版社，2020．

[14] 罗丽．新疆地区贝母属物种资源学研究[D]．北京：北京协和医学院，2018．

[15] 潘宣，何兰．川贝母（类）药用植物种质资源及其应用[C]//全国第六届天然药物

资源学术研讨会论文集. 2004：252-258.
[16] 国家药典委员会. 中国药典[S]. 北京：中国科技出版社，2010.
[17] 熊浩荣，马朝旭，国慧，等. 川贝母野生基原植物资源分布和保育研究进展[J]. 中草药，2020，51（09）：2573-2579.
[18] 四川植物志编辑委员会. 四川植物志（第7卷）[M]. 成都：四川人民出版社，1981.

第三章
川贝母基原植物潜在生长适宜地区预测

川贝母疗效显著，故市场需求量激增，但分布区域较为狭窄且生长周期长。由于其自然生境的恶化以及人为过度采挖，资源面临着日渐枯竭的危险。暗紫贝母已列为三级濒危保护药材物种[1]，《陕西省中药材保护和发展实施方案（2016—2020）》中将太白贝母列入中药材重点保护品种目录。川贝母、暗紫贝母、梭砂贝母、甘肃贝母、太白贝母5种川贝母基原植物在2021年新版《国家重点保护野生植物名录》中被列入二级国家重点保护野生植物。人工栽培是缓解野生资源匮乏与需求量大之间的矛盾的重要途径。人工栽培需要考虑温度、海拔、降雨量、光照等诸多气候因素，只有相似的环境因素才能保证引种栽培的成功，因此首先需要确立川贝母潜在的适宜栽培区划。

当前，统计类模型、地理信息系统（GIS）与生态学原理并用，并结合环境变量数据来对物种的潜在分布区域进行预测已广泛应用于进化[2]、生态[3]和保护[4]等学科。物种适生区预测的模型很多，预设预测规则的遗传算法（genetic algorithm for rule-set production，GARP）和最大熵（Maximum Entropy，MaxEnt）模型是近年来广泛的应用到物种的适生区预测生态位模型。在统计类模型中最大熵模型（MaxEnt）的精确度更高[5-6]，更能体现物种分布规律，可以对物种的潜在分布区域进行科学可信的预测[7]。课题组利用最大熵模型MaxEnt结合ArcGis在现有分布地的基础之上对川贝母六种基原植物的潜在分布区进行了预测，预测分析结果有利于构建贝母属植物繁育的理想地，开展川贝母的野生抚育以及种植区划，并在其生产适宜区大力发展川贝母的人工栽培生产，有利于川贝母野生资源保护和合理开发利用[8]。

暗紫贝母具有营养繁殖速度快的特性，其1年龄、2年龄的新鳞茎，在第2年和第3年春在鳞茎盘下可抽生出一条地下走茎，每条走茎上能分生出1~3对小鳞茎。产生的小鳞茎第2年脱离母体独立生活，又以地下走茎方式产生新的小鳞茎，可以种一得多，而其他多数川贝母来原植物种一得一,鳞茎的无性繁殖速度非常慢。太白贝母是川贝母基原植物中比较特殊的一个种类,分布于中低海拔地区,且有一定规模的栽培。因此,本章重点选择具有快速繁殖特性的暗紫贝母及有栽培基础的太白贝母为例,在现有分布地的基础之上对其潜在分布地进行预测,分析模型预测精确度并对影响较大的关键环境因子进行讨论。

一、数据来源和方法

1. 暗紫贝母和太白贝母分布数据

分布数据来源分为3部分:①本实验室人员进行野外实地考察,于中国数字植物标本馆(http://www.cvh.org.cv/)中找到相关数据;②通过查阅现有文献中相关的分布区数据,于地球在线(https://www.earthol.com/)中查找到具体地点并记录;③在全球生物多样性信息平台(https://www.gbif.org/)中下载暗紫贝母和太白贝母在中国范围内的分布点数据。其中对于有精确经纬度数据的分布点直接使用,对于未知具体经纬度数据的分布点,在卫星地图(http://map.bmcx.com)的Arcgis板块中借助GPS(全球定位系统)确定其坐标,得到暗紫贝母在中国分布点28个,太白贝母在中国分布点21个,如表3-1所示。

表3-1 暗紫贝母和太白贝母分布数据

数据来源	物种	分布地
野外调查及标本	暗紫贝母(*Fritillaria unibracteata*)	四川(红原县、松潘县、马尔康市、若尔盖县、黑水县、茂县、理县、汶川县、都江堰、甘孜县)、青海(久治县、玛沁县、玉树县、同德县)、甘肃(临潭县、玛曲县)
	太白贝母(*Fritillaria taipaiensis*)	四川(万源市)、重庆(巫溪县、巫山县、城口县、开县、奉节县、万州区)、陕西(秦岭、太白县、眉县、佛坪县)、甘肃(文县、彰县)、湖北(五峰县)、青海(互助县)
文献及网站	暗紫贝母(*Fritillaria unibracteata*)	四川(石渠县、康定县、崇庆县、什邡县、南坪县、理县)、青海(甘达、玛多、班玛县)、湖北(来凤县)、重庆(巫溪县)、西藏(巴塘)
	太白贝母(*Fritillaria taipaiensis*)	四川(万源市、青川县、平武县)、湖北(鄂西县)、宁夏(泾源县)、重庆(南川县)

2. 环境变量

在世界气象数据库（https://www.worldclim.org/）下载34个环境变量因子[9]，其中包括19个基础生物气候变量（bio1~19），以及1、5、6、7月的最低温度（tmin1、tmin5、tmin6、tmin7）、最高温度（tmax1、tmax5、tmax6、tmax7）、平均温度（tavg1、tavg5、tavg6、tavg7）、海拔（alt）、坡度（slope）和坡向（aspect）。

表3-2 基础生物气候变量因子

环境变量	代表含义	环境变量	代表含义
bio1	年平均温	bio11	最冷季平均温度
bio2	昼夜温差均值	bio12	年降水量
bio3	等温性	bio13	最湿月降水量
bio4	温度季节性变化的标准差	bio14	最干月降水量
bio5	最热月份最高温	bio15	降水量季节性差异系数
bio6	最冷月份最低温	bio16	最湿季降水量
bio7	平均气温年较差	bio17	最干季降水量
bio8	最湿季平均温度	bio18	最热季降水量
bio9	最干季平均温度	bio19	最冷季降水量
bio10	最热季平均温度		

二、数据处理

1. 环境因子选取

为减少环境因子之间的相关性，对环境因子进行相关性检验[10-11]。利用ArcGIS12.0软件提取各采样点的点插值，将贡献率<3%的环境因子去除，再利用SPSS20.0软件斯皮尔曼（Spearman）相关系数查验其相关性，选择相关性<0.8的环境因子[12-13]。

2. 最大熵模型预测

于MaxEnt3.4.1软件的样本栏（samples）添加表3-1中分布点数据，分布点数据为.csv格式，建模时采用刀切法（jackknife）对各环境因子贡献率进行预测并制作响应曲线（response curve），得到初步适生区预测结果。

预测模型准确性是利用AUC值、Kappa系数以及TSS指数共同判定。AUC值为受试者工作特征（ROC）曲线下方面积，AUC值是模型预测能力的准确性指标；Kappa系数用于衡量样本真实数据与模型模拟数据间的一致性，是指预测相对于随机发生事件的准确率，具体计算公式为：

$$Kappa = \frac{(TP+TN) - (expectde\ correct)ran}{Total - (expected\ correct)ran}$$

其中：$(expected\ correct)ran = \frac{(TP+FN)(TP+FP)+(TN+FN)(TN+FP)}{N}$，TP、TN、FP、FN含义分别为模型预测的真阳性、真阴性、假阳性、假阴性计数值，见表3-3。

表3-3 计数值含义

	真实存在	真实不存在
预测存在	TP	FP
预测不存在	FN	TN

TSS指数代表真实技巧统计值，计算公式为

$$TSS = 敏感度（Sensitivity）+ 特异度（Specificity）-1$$

由于AUC值、Kappa系数以及TSS指数对于预测过程中对各个分布点的发生概率以及阈值有不同响应，故将三者结合来评估模型预测的表现，结果更为准确[14]。一般来说，模型预测的准确性与AUC值呈正相关的关系，AUC值越大，模型的预测越准确，预测效果越好；Kappa系数越高，模拟效果越好；当TSS指数越大，模型准确性越好[15-16]。各项指标数值含义如表3-4所示。

本研究测试集设为25%，训练集设为75%，模型运算次数为500次，重复10次。

表3-4 各项精度指标数值含义

	结果极好	结果较好	结果一般	结果可信	预测失败
AUC	0.90~1.00	0.80~0.90	0.70~0.80	0.60~0.70	<0.60
Kappa	0.81~1.00	0.61~0.80	0.41~0.60	0.21~0.40	<0.20
TSS	0.85~1.00	0.70~0.85	0.55~0.70	0.40~0.55	<0.40

3. 适应性分布区划分

将MaxEnt模型运行结果导入ArcGIS12.0进行重分类，采用人工分级方法划分出暗紫贝母和太白贝母适应性分布等级，得到主要生态因子影响下的适应性区划。根据MaxEnt模型运行结果中暗紫贝母和太白贝母各重要环境因子的响应曲线具体数据得到其适宜值范围。

三、结果与分析

1. 预测的有效性

ROC曲线分析法评价预测物种的潜在适生区模型已被广泛应用[17-18]，ROC曲线下方面积即为模型预测能力的准确性指标AUC值。通过MaxEnt模型运行，得到暗紫贝母与太白贝母ROC曲线（图3-1），并计算AUC值、Kappa系数以及TSS指数，结果如表3-5所示。从预测结果可看出，预测精度值均位于表3-4所示"结果极好"区间内，证明预测结果可信。

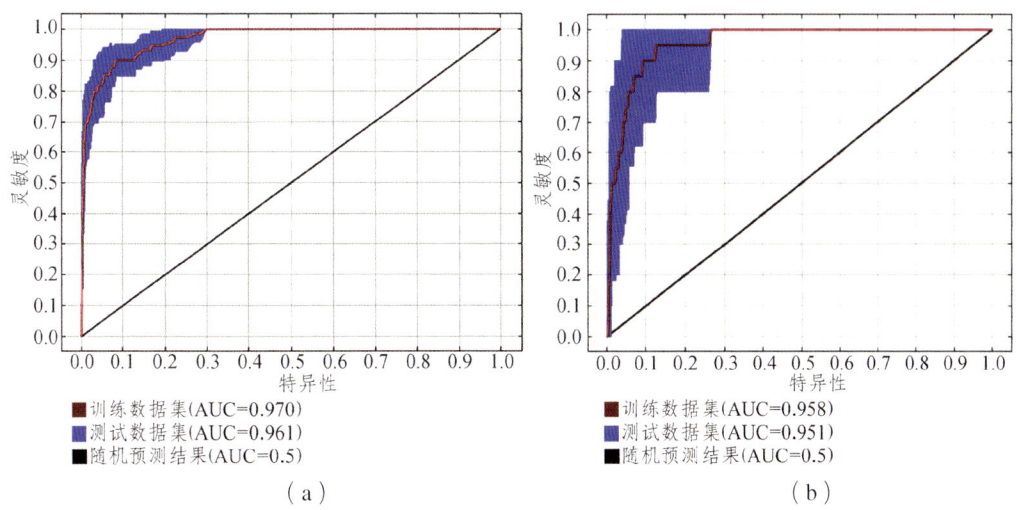

图3-1 暗紫贝母（a）和太白贝母（b）分布MaxEnt模型ROC曲线

表3-5 预测精度值

	AUC	Kappa	TSS
暗紫贝母（*F. unibracteata*）	0.970	0.913	0.890
太白贝母（*F. taipaiensis*）	0.958	0.907	0.902

2. 环境因子贡献率

刀切法（jacknife）是预测物种潜在分布的适生区和分析环境因子对所预测结果的影响程度大小，以及通过运算确定对物种分布贡献率最大的环境因子中最常用的方法。分别用所有的变量、单独某一变量和排除某一变量后的剩余变量建立模型，比较无某一变量与所有变量间的差别，来判断该变量对物种适应度的影响。图3-2是8个环境因子在MaxEnt模型中对暗紫贝母预测结果的影响，从图可以看出，使用单独变量时，bio4（温度季节性变化的标准差）和bio12（年降水量）两个环境变量的AUC值最大，表明这些环境变量可能具有有用信息，是影响暗紫贝母分布的重要环境变量。bio2（昼夜温差均值）环境变量对模型的形成贡献比较小（AUC值最小）。去除环境变量bio9（最干季平均温度）和bio4（温度季节性变化的标准差）时，预测结果变化较大，表明bio9和bio4含有暗紫贝母预测所需要的重要信息。

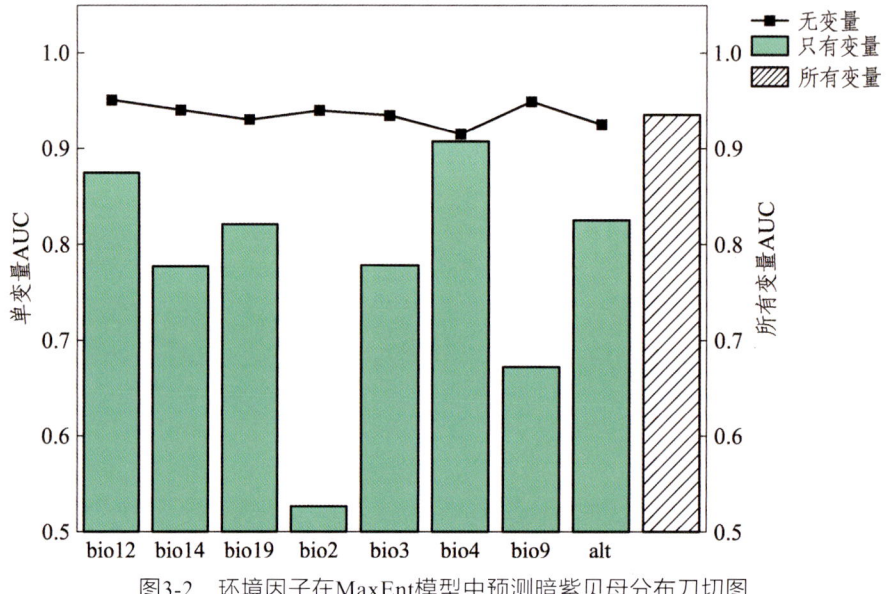

图3-2　环境因子在MaxEnt模型中预测暗紫贝母分布刀切图

图3-3是8个环境因子在MaxEnt模型中对太白贝母预测结果的影响，从图可以看出，使用单一变量时，bio4（温度季节性变化的标准差）和bio2（昼夜温差均值）两个环境变量的AUC值最大，表明这些环境变量可能具有有用信息，是影响太白贝母分布的重要环境变量。bio5（最热月份最高温）环境变量对模型的形成贡献比较小（AUC值最小）。去除环境变量bio12（年降水量）时，预测结果变化较大，表明bio12含有太白贝母预测所需要的重要信息。

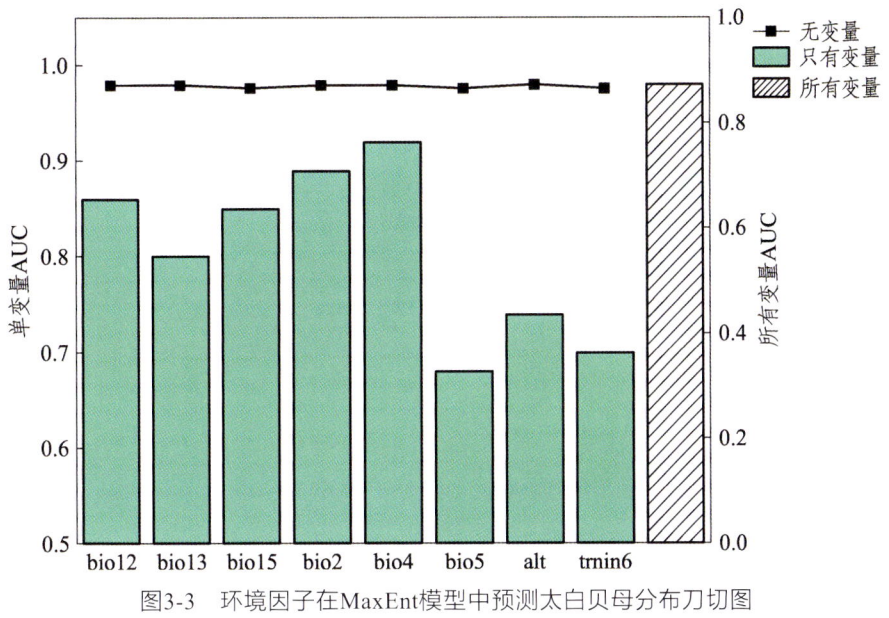

图3-3 环境因子在MaxEnt模型中预测太白贝母分布刀切图

除刀切法检验外,环境因子的贡献率也是评价环境的重要性的指标之一。通过模型筛选,分别得到对暗紫贝母和太白贝母潜在分布贡献率＞0的环境因子[19],见表3-6、表3-7。

表3-6 对暗紫贝母潜在分布贡献率＞0的8个环境因子

环境因子	含义	贡献率/%	适宜范围
bio12	年降水量	26.12	671.3~1021.7 mm
alt	海拔	20.11	920.5~3992.9 m
bio4	温度季节性变化的标准差	17.48	597.5~654.0
bio19	最冷季降水量	14.22	168.6~370.8 mm
bio14	最干月降水量	7.91	2.4~11.9 mm
bio3	等温性	6.28	33.5~47.9
bio9	最干季平均温度	0.65	-8.9~8.8 ℃
bio2	昼夜温差均值	0.20	2.6~6.6 ℃

结果显示对暗紫贝母潜在分布区有影响的环境因子有8个,分别为年降水量（26.12%）、海拔（20.11%）、温度季节性变化的标准差（17.48%）、最冷季降水量（14.22%）、最干月降水量（7.91%）、等温性（6.28%）、最干季平均温度（0.65%）以及昼夜温差均值（0.2%）,其中年降水量和海拔对暗紫贝母分布的贡献率最高。而降

水量相关变量（年降水量、最冷季降水量、最干月降水量）累积贡献率为48.25%，温度相关变量（温度季节性变化的标准差、等温性、最干季平均温度、昼夜温差均值）累积贡献率为24.61%，表明降水量变量对暗紫贝母适生区分布影响更大。

表3-7 对太白贝母潜在分布贡献率＞0的6个环境因子

环境因子	含义	贡献率/%	适宜范围
bio2	昼夜温差均值	41.21	2.7～11.9℃
Alt	海拔	26.42	241.0～3 828.0 m
bio12	年降水	18.32	944.4～1 321.7 mm
bio4	温度季节性变化的标准差	13.43	739.2～816.1
Bio13	最湿月降水量	0.63	114.3～247.9 mm
tmin6	6月最低气温	0.12	7.9～16.9℃

对太白贝母潜在分布区有影响的环境因子有6个，分别为昼夜温差均值（41.21%）、海拔（26.42%）、年降水量（18.32%）、温度季节性变化的标准差（13.43%）、最湿月降水量（0.63%）以及6月最低气温（0.12%），昼夜温差均值和海拔对太白贝母分布区的贡献率最高。而温度相关变量（昼夜温差均值、温度季节性变化的标准差、6月最低气温）累积贡献率达54.76%，降水相关变量（年降水量、最湿月降水量）累积贡献率18.95%，表明温度变量对太白贝母适生区分布影响更大。

从以上可以看出，影响暗紫贝母适生区分布的环境变量因子多于太白贝母，具有不同的最重要环境因子。对暗紫贝母生长影响最大的环境因子为年降水量和海拔。昼夜温差均值和海拔是影响太白贝母分布最大的环境因子。

3. 主要环境因子及分析

根据MaxEnt分别绘制出影响暗紫贝母和太白贝母潜在分布区贡献率最大的两个环境因子的单变量响应曲线，从而分析其最适区间值，如图3-4、图3-5所示。响应曲线均呈单峰型，表明暗紫贝母和太白贝母对这些环境变量有一定耐受度，选择存在概率＞0.2的区间作为其适生区范围。

图3-4（a）表明年降水量为671.3~1021.7 mm时暗紫贝母适生概率最大，当年降水量为963.3 mm时，其适生概率达到60.7%，这与贝母属植物成株多喜湿润环境相符。年

降水量为影响暗紫贝母分布的最主要环境因子，吴征镒等[20]指出，暗紫贝母主要生长地为空气干燥稀薄的高海拔西南地区，多为复杂地形地貌，夏季时高温多雨，冬季时寒冷干燥。鳞茎器官对暗紫贝母生长十分重要，张振霞等[21]指出在四川以及青海等地年降水量为400~1400 mm且昼夜温差大，更加有利于暗紫贝母内部营养物质的积累以及鳞茎的生长。从图3-4（b）可以看出种植地海拔约为3869.3 m时，暗紫贝母达到最适生长条件。海拔在920.5~3869.3 m时适生范围逐渐变广，后随着海拔逐渐升高，适生概率逐渐降低。暗紫贝母是典型的高山植物，海拔过高或过低都会抑制其生长。海拔过高，气温低，会抑制植物体内营养物质的积累，从而影响暗紫贝母的生长[22]。暗紫贝母幼苗在适宜的海拔高度上能够对环境作出反应，5~6月份在适宜的降水量下苗高增长量最大，结合本研究结果，暗紫贝母适宜生长在3000~4000 m左右海拔的山坡草丛以及潮湿阴冷的灌木丛中，这与高山林等[23]结论相符。

海拔高度对气候的形成具有重要影响，随着海拔高度的改变，其他因素也会产生相应的级联反应，进而对暗紫贝母的生长产生一定的影响。陈文年等[24]的研究发现在一定海拔范围内（3500~3950 m）随着海拔的升高会影响暗紫贝母叶寿命、气孔变小、鳞茎平均粒重降低。徐波等[25]研究也发现海拔在2 371~3 076 m，有助于延长暗紫贝母生长季长度，从而促进鳞茎的生长，可以选择在该海拔范围开展低海拔人工种植。

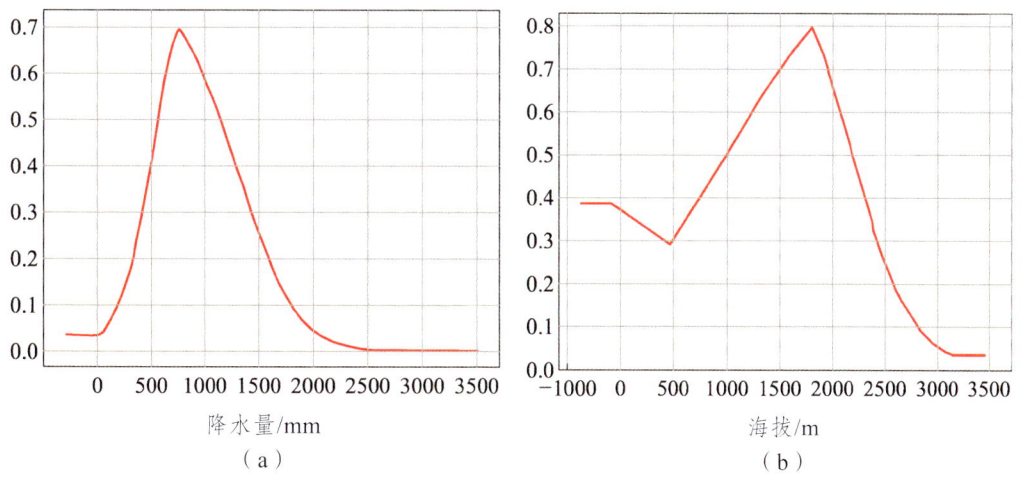

图3-4 暗紫贝母单变量响应曲线

太白贝母单变量响应曲线显示当昼夜温差约为8.1℃及海拔约为1318 m时，太白贝母生长最佳。图3-5（a）表明，当昼夜温差均值约为8.1℃时太白贝母适生概率最大，达到66.28%，昼夜温差2.7 ~ 11.9℃为其适生区范围。昼夜温差有利于太白贝母生长过程中营养物质的累积，并促进太白贝母鳞茎的生长。相较于其他几种川贝母基原植物3000 m以上适宜海拔范围，太白贝母的适宜海拔最低，主要在1800~3150 m的海拔区域[26]。太白贝母的海拔变量相应曲线显示，当海拔为241 m时达到太白贝母适生范围；241 m＜海拔＜1318 m时呈增长趋势；1318 m时到达最适概率，约为65.7%；1318 m＜海拔＜3828 m时适生概率逐渐降低[图3-5（b）]。本研究结果中海拔适宜范围更大，最适海拔高度更低，可能由于评价方式不同和选点的差异导致。

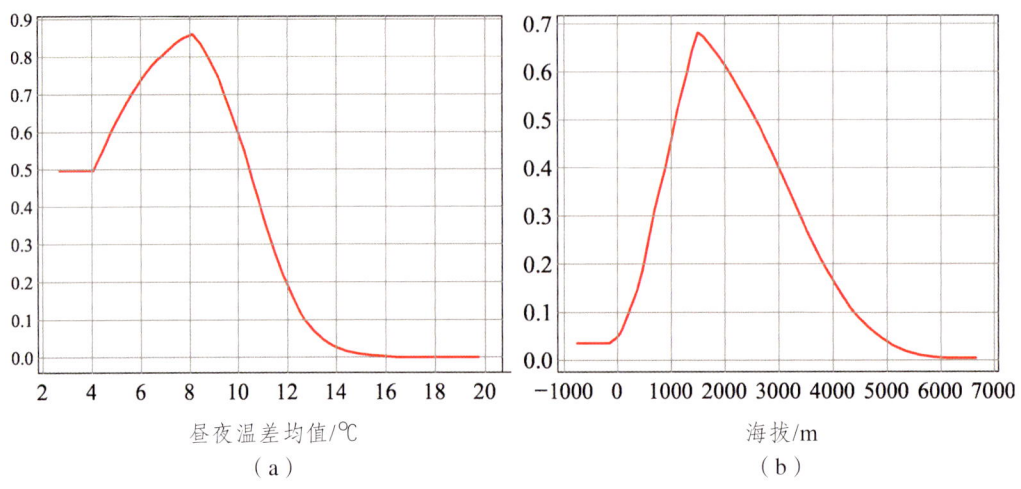

图3-5　太白贝母单变量响应曲线

4. 适应性划分

将MaxEnt模型运行结果导入ArcGIS12.0进行重分类，采用人工分级方法划分出4个暗紫贝母和太白贝母适应性分布等级：0＜适应指数≤0.06范围内为非适生区；0.06＜适生等级≤0.23范围内为低适生区；0.23＜适生等级≤0.51范围内为适生区；0.51＜适生等级≤0.86为高适生区。预测结果表明我国暗紫贝母的高适生区主要位于青海东南部以及四川西部、北部和东北部地区，面积约18.83×10^4 km²，占适生区面积的6.62%。调查研究指出，四川若尔盖县、松潘县、理县、红原县以及青海久治县等地的暗紫贝母为最优商品规格[27]，这与预测结果一致。适生区主要位于青海东部、四川西部、西藏东部、甘肃南部、陕西西南部以及贵州中部，面积约28.46×10^5 km²，占适生区面积的29.53%；低适生区主要位于西藏东部、青海东部和南部、云南北部、贵州东部、重庆、湖北西部、陕西中部、山西南部以及河南。而太白贝母的高适生区主要位于四川中部及东北部、重庆南部、甘肃南部、贵州西北部、陕西南部和湖北西部等，面积约25.97×10^4 km²，占适生区面积的9.67%；这些区域集中了太白贝母的一些传统产区，如陕西太白县，昼夜温差大，气候较寒冷，一直是太白贝母种植最适宜的地区[28]，印证了本研究预测结果的准确性。太白贝母适生区主要位于贵州西北部、甘肃南部、四川中部及东北部、重庆南部、湖北西部等，面积约26.85×10^5 km^2，占适生区面积的27.87%；低适生区主要位于四川、云南南部、甘肃南部、浙江南部。较之现有分布区[29]，太白贝母的高适生区增加了贵州、湖南及湖北的部分地区，其中贵州尤其值得关注，不仅与重庆接壤，且其总面积的76%可作为太白贝母的潜在分布区，表明贵州极有可能成为未来太白贝母产业的重点发展区域，需提前开展合理布局与规划。而暗紫贝母的适生区也增加了贵州中部，随着暗紫贝母栽培技术的发展和栽培规模的扩大，在人工干预下可以考虑将贵州部分地区作为暗紫贝母的种植地发展。

四、小结

本研究结合MaxEnt和ArcGIS，利用暗紫贝母和太白贝母的现有主要分布区以及34个环境因子对暗紫贝母和太白贝母的潜在分布区进行预测和适生等级划分。预测结果显示青海东南部、四川西部、北部和东北部为暗紫贝母高适生区，这与刘艳梅等预测结果[12]以及野外调查标本记录和文献记载结果一致。太白贝母的高适生区是甘肃南部、四川中部和东北部、贵州西北部、湖北西部、重庆南部和陕西南部。暗紫贝母和太白贝母的潜在适生区在四川东北部、甘肃南部等有重叠，这些重叠区的存在，一方面体现出不同品种贝母所需的生态环境因子高度相似，另一方面也表明这些区域拥有较好的生态优越性，尽管出现了不同贝母的空间生态位重叠，但彼此间却不产生生存竞争。

川贝母的野生资源状况不佳，但其栽培技术相对成熟，因此对川贝母基原植物的适生区进行预测并以此指导进行合理种植与栽培十分必要。与其他品种相比，太白贝母在低海拔条件下具有良好的培育潜力，而暗紫贝母适宜在高海拔环境下进行种植，可以充分发挥生态环境的作用，最大限度地利用空间[30]。

参考文献

[1] 韩鸿萍，陈志. 暗紫贝母研究现状[J]. 青海师范大学学报，2016，1（1）：29-34.

[2] Warren D L, Glor R E, Turelli M. Environmental niche equivalency versus conservatism: quantitative approaches to niche evolution[J]. Evolution, 2008, 62（11）: 2868-2883.

[3] Guisan A, Zimmermann N E. Predictive habitat distribution models in ecology[J]. Ecological modelling, 2000, 135（2）: 147-186.

[4] Brito J C, Acosta A, Alvares F, et al. Biogeography and conservation of taxa from remote regions: An application of ecological-niche based modes and GIS to North-African Canids[J]. Biological Conservation, 2009, 142（12）: 3020-3029.

[5] Phillips S J, Anderson R P, Schapire R E. Maximum entropy modeling of species geographic distributions[J]. Ecological modeling, 2006, 190（3）: 231-259.

[6] Phillips S J, Dudík M. Modeling of species distributions with Maxent: new extensions and a comprehensive evaluation[J]. Ecography, 2008, 31（2）: 161-175.

[7] Phillips S J, Dudík M, Schapire R E. A maximum entropy approach to species distribution modeling[C]. Proceedings of the twenty-first international conference on Machine learning. ACM, 2004: 83.

[8] 徐彦，张吉仲，程昌敬，等. 川西高原地区多种贝母的植物资源研究[J]. 西南民族大学学报，2011，37（4）：617-620.

[9] 徐军，曹博，白成科. 基于MaxEnt濒危植物独叶草的中国潜在适生分布区预测[J]. 生态学杂志，2015，34（12）：3354-3359.

[10] Feng X, Park D S, Liang Y, et al. Collinearity in ecological niche modeling: Confusions and challenges[J]. Ecology and Evolution, 2019（9）: 10365-10376.

[11] Sillero, Barbosa. Common mistakes in ecological niche models[J]. International Journal of Geographical Information Science, 2021（35）: 213-226.

[12] 刘艳梅，周颂东，谢登峰，等. 基于最大熵模型（MaxEnt）预测暗紫贝母潜在分布[J]. 广西植物，2018，38（3）：352-360.

[13] Wang R L, Wen G, Li Q, et al. Geographical distribution simulation of Actinidia

deliciosa in China and influence of climate[J]. Journal of Tropical and Subtropical Botany, 2018, 26（4）: 335-345.

[14] Jiang Y H. Suitability Evaluation and Prediction of Potential Distribution of Pinus Koraiensis Based on Random Forest Model[J]. Chinese Academy of Forestry, 2017, 12（6）: 123-146.

[15] Allouche O, Tsoar A, Kadmon R. Assessing the accuracy of species distribution models: prevalence, kappa and the true skill statistic（TSS）[J]. Journal of Applied Ecology, 2006, 43（6）: 1223-1232.

[16] Su S Y. Exploration of multi-model species ecological modeling for Elaeocarpus japonicus and Rhododendron formosanum[J]. Biol, 2013, 23（1）: 133-156.

[17] Moreno R, Zamora R, Molina J R, et al. Predictive modeling of microhabitats for endemic birds in South Chilean temperate forests using Maximum entropy（Maxent）[J]. Ecological Informatics, 2011, 6（6）: 364-370.

[18] 陈博，朱田田，徐小琼，等．不同基原商陆生态适宜区划研究[J]．中国中医药信息杂志，2021，28（2）: 1-7.

[19] 王艳君，高泰，石娟．基于MaxEnt模型对舞毒蛾全球适应区的预测及分析[J]．北京林业大学学报，2021，43（9）: 59-68.

[20] 吴征镒，孙航，周浙昆，等．中国种子植物区系地理[M]，北京：科学出版社，2001: 21-22.

[21] 张振霞，张惠婷，庞立志，等．暗紫贝母鳞茎的组织培养[J]．江苏农业科学，2015，43（3）: 17-19.

[22] 张利，朱欣伟，黄泉，等．海拔对暗紫贝母生长及总生物碱含量的影响[J]．四川林业科技，2016，37（02）: 80-83.

[23] 高山林，夏艳，谭丰苹．组织培养暗紫贝母的药理作用[J]．植物环境学报，2000，9（1）: 4-8.

[24] 陈文年，陈发军，谢玉华，等．暗紫贝母的物候和鳞茎在海拔梯度上的变化[J]．草业学报，2012，21（05）: 319-324.

[25] 徐波，石福孙，王丽华，等．海拔对暗紫贝母物候及形态特征的影响[J]．植物研究，2021，41（05）: 666-674.

[26] 周先建，杨玉霞，胡平，等．太白贝母资源调查研究[J]．安徽农业科学，2015，

43（17）：84-85.

[27] 韵海霞，陈志. 暗紫贝母的研究概况[J]. 中成药，2010，32（6）：1020-1023.

[28] 王娟娟，曹博，白成科，等. 基于Maxent和ArcGIS预测川贝母潜在分布及适宜性评价[J]. 植物研究, 2014, 34（5）：642-649.

[29] 段宝忠，陈锡林，黄林芳，等. 太白贝母资源学研究概况[J]. 中国现代中药，2010，12（4）：12-14.

[30] 王丽，彭锐，李隆云. 川贝母新资源太白贝母的研究进展[J]. 安徽农业科学，2011，39（36）：22309-22310.

第四章
川贝母基原植物组织培养研究

由于贝母的繁殖系数低,生产技术难度大,资源少,因此通过离体培养可达到快速繁殖或直接获取药用鳞茎的目的。开展川贝母基原植物组织培养快繁工作,可以有效缓解川贝母药材的市场供需矛盾,是实现川贝母野生资源保护和合理利用的有效手段。目前,许多研究者对暗紫贝母、川贝母、甘肃贝母、太白贝母、梭砂贝母和瓦布贝母六种川贝母药材基原植物开展了组织培养和快速繁殖研究。本章主要从再生途径、外植体、消毒方式、培养基种类、生长调节剂、培养条件等方面综述了川贝母六种基原植物组织培养的研究成果,以利于川贝母类药材基原植物组织培养的深入研究,对提高其利用价值及种质资源保护具有重要意义。

一、贝母组织培养植株再生途径

20世纪90年代以来,关于贝母组织培养的研究主要以直接获取药用鳞茎为目的。目前,众多文献报道显示,贝母外植体一般可通过"间接器官发生途径"、"直接器官发生途径"或者"胚状体诱导"三条途径实现离体再生。

(1)间接器官发生途径

间接器官发生是以愈伤组织为中介的再生方式,外植体先形成愈伤组织,再由愈伤组织分化发育形成不定芽,最后由不定芽形成新的小鳞茎,从而实现离体再生的方式。

(2)直接器官发生途径

直接器官发生途径是由外植体表面直接长出小鳞茎或小芽,该途径由外植体的分生组织直接分化形成芽及根等器官,不需要经过愈伤组织的中间过渡形式,可以在短时间内获得大量的鳞茎。耿茂林等[1]认为贝母鳞茎再生途径中外植体表面直接生长出小芽或鳞茎，繁殖周期相对较短，适用于川贝母培育。

以上两种途径较为普遍，目前川贝母、暗紫贝母、太白贝母、甘肃贝母、梭砂贝母、瓦布贝母的组织培养研究中，大多是经过愈伤组织后再分化出小鳞茎或直接由外植体上形成小鳞茎这两种途径（表4-1）。

表4-1 川贝母药材六种基原植物组织培养研究概况

种类	外植体类型	培养阶段（途径）	主要培养基	培养结果	参考文献
川贝母 F. cirrhosa	鳞茎	植物再生	MS+NAA 2.0 mg/L +KT 1.0 mg/L+ VB 14.0 mg/L+海柯吉宁12mg/L	鳞茎产生根，并由此根诱导出愈伤组织，进而再分化出鳞茎、根和芽，形成完整的植株	[2]
	种胚	愈伤组织诱导	MS+6-BA 2.0 mg/L+NAA 0.5 mg/L	诱导率95%	[3]
		小鳞茎再生与增殖	MS+6-BA 2.0 mg/L+NAA 0.2 mg/L	小鳞茎诱导率95%，增殖系数5.0	
		生根	MS + IBA 0.2 mg/L	生根率95%，小苗成活率80%	
	鳞片叶	鳞茎再生	MS+6-BA 1.0 mg/L+NAA 0.2 mg/L	诱导率70.5%	[4]
	叶	鳞茎再生		诱导率32%	
	针型幼苗	鳞茎再生		诱导率21%	
	出苗期鳞茎	鳞茎再生		诱导率15%	
	开花期鳞茎	鳞茎再生		诱导率30.5%	
	果实期鳞茎	鳞茎再生		诱导率26.5%	
	开花期鳞茎	鳞茎再生	MS+6-BA 2.0 mg/L+NAA 0.2 mg/L	诱导率95.5%	
	鳞茎	愈伤组织诱导	MS+ 2,4- D 2.0 mg/L+NAA 1.0 mg/L	30d后形成颗粒状愈伤组织，逐渐变成淡黄色和黄绿色	[5]
		愈伤组织增殖	MS+6-BA 2.0 mg/L+NAA 0.5 mg/L	培养40d可增殖3倍以上	

续 表

种类	外植体类型	培养阶段（途径）	主要培养基	培养结果	参考文献
川贝母 F. cirrhosa	鳞茎	鳞茎再生	MS+6-BA 2.0 mg/L+NAA 0.2 mg/L	诱导率85%	[6]
	叶（7d）	愈伤组织诱导	MS + KT1.0 mg /L + 2,4-D 0.6 mg/L	诱导率80.47%	[7]
	鳞茎	愈伤组织诱导、小鳞茎诱导	MS+NAA 1.0 mg/L+ 2,4-D 1.0 mg/L	愈伤组织呈白色、淡黄色，进一步形成小鳞茎或直接形成小鳞茎	[8]
	茎段、叶片	愈伤组织诱导	MS+NAA 1.0 mg/L+ 2,4-D 1.0 mg/L	只产生白色或淡黄色疏松的愈伤组织，且不能进一步形成小鳞茎	
		鳞茎继代培养和扩大培养	MS+ NAA 0.5 mg/L+2,4-D 2.0 mg/L	鳞茎个大、圆形、饱满，形状上与自然界生长的贝母很相似	
		生根	MS+IBA	产生健壮根系，试管苗移栽成活率达70%。	
	鳞片叶	愈伤组织诱导	MS+6-BA 1.0 mg /L+2,4-D 0.5 mg/L	诱导率为84.33%	[9]
		小鳞茎诱导	MS + KT 2.0 mg /L + NAA 0.3 mg /L	诱导率为82.77%	
		鳞茎抽苗	MS + 6-BA3.0 mg /L + IBA 0.3 mg /L	抽苗率为85.39%;	
		生根	MS + NAA 0.3 mg /L	生根率为83.20%。	
	组培苗幼叶	鳞茎诱导	MS+6-BA 2.0 mg/L+NAA 1.0 mg/L+KT 1.0 mg/L	诱导率83.37%，产生小鳞茎数17.27个	[10]
	鳞茎	不定芽	MS+6-BA 2.0 mg/L+NAA 0.5 mg/L	诱导率67.3%	[11]
		愈伤组织	MS+6-BA 1.0 mg/L+NAA 2.0 mg/L+GA 31.0 mg/L	诱导率70.2%	
	根	愈伤组织诱导	MS＋2iP 1.0 mg/L+NAA 0.6 mg/L + 头孢曲松钠300 mg/L + 香蕉汁200 mg/L	诱导率为85.41%	[12]

续 表

种类	外植体类型	培养阶段（途径）	主要培养基	培养结果	参考文献
川贝母 F. cirrhosa	根	愈伤组织增殖	B5+2,4-D 3.0 mg/L+KT 0.5 mg/L+多效唑 1.0 mg/L+活性炭 1.5 mg/L	增殖倍数 3.26	[12]
	叶片	愈伤组织诱导	MS+6-BA 2.0 mg/L+2,4-D 0.5 mg/L+NAA 0.1 mg/L	诱导率 87.91%±2.5%，愈伤组织紧实，瘤状结构多	[13]
	鳞茎	不定芽诱导	MS+6-BA 0.5 mg/L+ NAA 2.0 mg/L	出芽率 48.9%	[14]
		继代增殖	MS+ 6-BA 2.0 mg/L + NAA 0.5 mg/L	增值系数 5.71	
		生根	1/2MS+NAA 1.0 mg/L	生根率 38.25%	
暗紫贝母 F.unibracteata	鳞茎	小鳞茎诱导	MS+NAA 1.0 mg/L+6-BA 1.0 mg/L	小鳞茎 20d 长成，形状大小和野外暗紫贝母相似	[15] [16]
	鳞茎	愈伤组织诱导	MS+NAA 0.5 mg/L+6-BA 2.0 mg/L	诱导率 80%	[17]
		小鳞茎诱导	MS+NAA 1.5 mg/L +KT 0.05 mg/L	诱导率 69.2%，从愈伤组织边缘产生小鳞茎	
	鳞茎	不定芽诱导	MS+NAA 1.0 mg/L+6-BA 0.5 mg/L	诱导率 63.33%，淡绿色且芽较健壮	[18]
		不定芽增殖	MS+NAA 0.5 mg/L+6-BA 1.0 mg/L	平均芽数 3.5，芽长得较为快、壮、齐	
	鳞茎	不定芽诱导	MS+NAA 2.0 mg/L+6-BA 0.5 mg/L	诱导率 72.5%，不定芽叶色浓绿、叶片展开，芽健壮	[19]
		不定芽增殖	MS+NAA 0.5 mg/L+6-BA 0.5 mg/L	平均增殖数 3.17，芽苗生长健壮，叶片展开、叶色浓绿	
		生根及结鳞茎	1/2MS+NAA 0.1 mg/L	生根率达到 00%，结鳞茎率为 77.8%	
		小鳞茎诱导	MS+NAA 1.0 mg/L+6-BA 0.5 mg/L	诱导率 89.3%	
	鳞茎	愈伤组织诱导	MS+2,4-D1.0 mg/L+NAA 0.5 mg/L	诱导率 92.5%，质地疏松，白色	

续 表

种类	外植体类型	培养阶段（途径）	主要培养基	培养结果	参考文献
暗紫贝母 F.unibracteata	鳞茎	不定芽诱导	MS+NAA 1.2 mg/L +6-BA1.6 mg/L+Vc 0.1 g/L	诱导率73.3%，白色	[20] [21]
		愈伤组织诱导	MS+NAA 1.2 mg/L +6-BA1.8 mg/L+Vc 0.1 g/L	诱导率53.3%，半透明状，质地疏松	
	鳞茎	不定芽诱导	MS+6-BA 2.0 mg/L +NAA 0.5 mg/L	诱导率达66.7%，生长状况较好	[22]
		不定芽增殖	MS+6-BA 2.0 mg/L +NAA 0.5 mg/L	增殖系数8.27，长势旺盛，芽大、密集，有些带绿色	
		生根	1/2MS + NAA 0.5 mg/L	生根率83.3%，根健壮，生长密集	
甘肃贝母 F. Przewalskii	鳞茎	小鳞茎诱导	MS+NAA 2 mg/L+2,4-D2 mg/L+6-BA 0.5 mg/L+ IBA 0.5 mg/L+KT 0.2 mg/L	诱导率60%	[23]
		小鳞茎增殖	MS+NAA1 mg/L	增殖率46.67%	
		成苗	MS+NAA 0.2 mg/L+2,4-D 0.5 mg/L+6-BA 1.0 mg/L	成苗率80%	
		生根	MS+NAA 0.5 mg/L+IBA 0.2 mg/L+VB1 mg/L	生根率46.67%	
	鳞茎	不定芽诱导	MS+NAA 2.0 mg/L+6-BA 0.5 mg/L	出芽率87.5%，芽长势旺盛，分生小芽聚在一块，壮芽较多，小芽变绿	[24]
		继代增殖	MS+NAA 0.5 mg/L+6-BA 2.0 mg/L	增殖系数9，长势旺盛，芽大、集中	
		生根	1/2MS+NAA 0.5 mg/L	生根率90%，根壮且修长，生长密集，速度快	
	鳞茎	原球茎诱导	MS+ZT 2.0 mg/L+SA 10 mg/L+BR 0.2 mg/L（或GA4+7 0.2 mg/L）（鳞心） MS+ZT3.0 mg/L+MEJA 3.0 mg/L+IAA 3.0 mg/L+ BR 0.3 mg/L（或GA4+7 0.2 mg/L）（鳞瓣）	鳞心原球茎诱导率93%，鳞瓣原球茎诱导率75%，饱满，鳞茎趋势；	[25]

续 表

种类	外植体类型	培养阶段（途径）	主要培养基	培养结果	参考文献
甘肃贝母 *F. Przewalskii*	鳞茎	原球茎生长膨大	MS+NAA 3.0 mg/L+SA 40 mg/L+BR 0.3 mg/L（或烯效唑5 mg/L）（鳞瓣） MS+NAA 2.0 mg/L+SA 20mg/L+BR 0.3 mg/L（或烯效唑3 mg/L）（鳞心）	鳞瓣原球茎的小鳞茎生长最快，直径5±0.5 mm；鳞心原球茎的小鳞茎生长缓慢，直径较小	[25]
	鳞茎	鳞茎诱导	MS+6-BA 0.5 mg/L+NAA 2.0 mg/L	诱导率63.89%	[26]
		鳞茎增殖	MS+6-BA 2.0 mg/L+NAA 0.5 mg/L	增值系数5.76	
		生根	1/2MS+NAA 0.5 mg/L+IBA 0.2 mg/L	生根率44.44%	
太白贝母 *F. taipaiensis*	鳞茎	鳞茎再生	MS+NAA 2.0 mg/L+KT 1.0 mg/L	诱导率75%	[27]
	鳞茎	愈伤组织诱导和鳞茎再生	MS+NAA 1.0 mg/L+6-BA 3.0 mg/L	诱导率93%	[28]
	鳞茎	愈伤组织诱导	MS+NAA 1.0 mg/L+6-BA 6.0 mg/L	诱导率55%	[29]
	成熟种子		MS+NAA 1.0 mg/L+6-BA2.0 mg/L	诱导率47.1%	
	幼叶		MS+NAA 1.0 mg/L+6-BA2.0 mg/L	诱导率66.7%	
	鳞茎	愈伤组织诱导	MS+NAA 1.0 mg/L+6-BA3.0 mg/L	诱导率25%，生长速度较快	[30]
		不定芽诱导	MS+NAA 0.5 mg/L+6-BA 0.5 mg/L	诱导率50%，生长旺盛	
		再生小鳞茎诱导	MS+NAA 1.0 mg/L+6-BA 0.5 mg/L	诱导率30%	
	鳞茎	愈伤组织诱导	MS+6-BA 1.5 mg/L+NAA 0.5 mg/L	诱导率57.81%，愈伤组织致密，绿色	[31]
		出苗	MS+6-BA 3.0 mg/L+NAA 0.5 mg/L	出苗46.67%	
梭砂贝母 *F. delavayi*	鳞茎	鳞茎（植株）再生	MS+NAA 1.0 mg/L+6-BA 0.5 mg/L	诱导根、芽并生长小植株	[32]
	鳞茎	愈伤组织诱导	MS+NAA 0.5 mg/L+6-BA 1.5 mg/L	形成丰富愈伤组织	[33]
	鳞茎	愈伤组织诱导	MS+6-BA 2.0 mg/L+NAA 3.0 mg/L（或2,4-D 3.0 mg/L）	诱导率75%	[34]
瓦布贝母 *F. unibracteata* var. *wabuensis*	鳞茎	鳞茎再生	MS+NAA 2.0 mg/L+6-BA 0.5 mg/L	诱导率71.7%，有芽、小鳞茎和少量愈伤组织形成	[35]

（3）胚状体途径

贝母也可通过胚状体途径建立再生体系，主要是愈伤组织表层和内层一些特化了的胚性细胞经多次分裂发育形成，易从愈伤组织剥落，进行石蜡切片观察发现，其细胞小，排列较整齐，细胞质浓，液泡不明显，细胞核大，细胞内可见许多小淀粉粒，具旺盛的分生能力，判断其为胚状体，进而再由胚状体形成小鳞茎[36-37]。若以再生植株为目的，胚状体途径较为适合。NAA和6-BA分别为2 mg/L和1 mg/L，蔗糖为30 g/L的培养基可用于川贝母愈伤组织诱导胚状体，平均每个愈伤组织上可生成20个左右的胚状体[38]。

二、川贝母组织培养的影响因素

1. 外植体的选择与消毒

（1）外植体选择

外植体的植物基因型、种类、来源、大小、取材季节及外植体的生理状态和发育年龄等因素，决定了植物组织培养的难易程度及成败。

在贝母组织培养研究中，鳞茎（鳞叶、鳞心）、茎段、幼嫩叶片、针形幼苗、根、成熟种子等不同部位均可作为外植体，而使用最多的外植体为鳞茎（表4-1）。不同外植体的鳞茎诱导率、愈伤组织诱导率差异较大，鳞茎是最理想的外植体。

李隆云等[17]以暗紫贝母一匹叶、树儿子、灯笼花三个不同生长发育时期鳞茎切片诱导愈伤组织，其中以一匹叶时期鳞茎诱导脱分化效果较好，愈伤组织诱导率43%~47.9%，表明愈伤组织的诱导可能与外植体的生长年龄有关。

不同取材时间对再生鳞茎的诱导率及生长速率影响较大，如衷维纲等[27]进行太白贝母鳞茎切片组织培养时发现鳞茎采集时间与鳞茎再生鳞频率及数量密切相关，出苗盛期鳞茎（诱导率48.3%）＞开花盛期鳞茎（15.9%）＞生根期鳞茎（7.8%）＞果熟期鳞茎（0.1%），苗期鳞茎培养2个月后，再生小鳞茎数量为原接种数的12.3倍，而生根期和花期分别为6.8倍和5.3倍。王跃华等[4]选取川贝母植株出苗期、开花期和果实期的3种鳞茎的鳞片叶外植体进行鳞茎再生研究，结果发现开花期鳞茎的再生鳞茎数目和生长速率优于出苗期和果实期。马吉义[19]发现全年中以5—6月份采集的暗紫贝母的鳞茎为外植体诱导小鳞茎的效率最好，分化快，个数多，可能是因为取材时间为母株生长旺盛季节，不仅成活率高而且增值率也大。

不同生理状态和不同部位的外植体对诱导结果也有显著影响，如王跃华等[7]选取生长 7 d、15 d、20 d 的叶为外植体诱导愈伤组织,结果随着选择外植体叶龄的增加,叶的脱分化能力呈现下降趋势,生长 7 d 叶的愈伤组织诱导率最高,为 80.47%,并且愈伤组织的启动时间也最早。在甘肃贝母试管小鳞茎再生研究中发现原球茎诱导过程中以鳞心为外植体的诱导率高于鳞瓣,而鳞瓣原球茎生长膨大效果明显优于鳞心原球茎[25]。暗紫贝母不同部位的鳞片分化情况也存在差异,外部的鳞片分化能力强于内部鳞片且分化出的芽也较多。同一鳞片不同部位的分化能力也不同,基部比顶部更易分化且分化出的芽较多,也较壮[18、19]。原因可能是鳞片基部细胞分化能力较强,贮存的养分也较多。

（2）外植体消毒处理

外植体消毒处理的目的都是为了获得无菌且具活力的材料。外植体材料的常规消毒剂包括酒精、次氯酸钠和升汞。研究发现[39]酒精对贝母材料的表面消毒效果好,但时间不宜超过1分钟。10%饱和次氯酸钠溶液灭菌效果虽然不及0.1%升汞灭菌效果好,但其对材料损伤较小,因为重金属类消毒剂易残留在组织中,容易引起贝母组培中褐化现象。在川贝母类的组培中,多数研究者采用70%~75%酒精消毒15 s~1 min,再用0.1%~0.5%的升汞消毒5~10 min。欧珠朗杰等[34]探讨了不同消毒方法对外植体污染的影响,发现75%乙醇消毒30s+0.1%升汞消毒10 min的消毒方式更适合梭砂贝母鳞茎的消毒,如果75%乙醇消毒30s+0.1%升汞消毒20 min的消毒方法虽污染率较低,但梭砂贝母鳞茎褐变率达90%以上。也有研究报道多种消毒剂组合使用进行消毒处理,如太白贝母鳞茎最佳组合消毒方式是用75%乙醇浸泡30s+10%次氯酸钠浸泡20 min+ 0.1%升汞消毒5min[30]。

外植体菌类污染、玻璃化、褐化是制约川贝母类药用植物组织培养发展的三大瓶颈。由于选取的外植体细胞较幼嫩,对消毒剂的抵御力较低,消毒剂浓度过高或长时间除菌会使外植体在培养过程中易出现褐化、死亡的现象[40],因此需要控制消毒剂浓度和作用时间。用0.1%升汞消毒不同时间对外植体的染菌率和启动率有显著影响,随着消毒时间延长,外植体的染菌率逐渐降低,但是外植体的启动率先升后降,即时间过长会对外植体产生伤害,生长停滞,从降低卷叶贝母根外植体的染菌率和提高其启动率两方面来综合考虑,采用5 min消毒处理,在此条件下外植体的污染率为0%,而启动率最高,为82.3%[12]。

为提高组培材料的成活率,降低污染率,可通过在培养基中添加青霉素、四环素、利福平等抗生素与杀菌剂结合使用的方式,来达到良好的灭菌效果[41、42]。王跃华等[43]研究发现在川贝母除菌时加入300~500 mol/L头孢噻肟钠可以增强除菌效果,随着头孢噻肟钠浓度的逐渐增高，川贝母的除菌率也随之增高，其中以每次15 d连续2次用浓度为500 mol/L的头孢噻肟钠除菌效果最好。既能有效地清除川贝母组培物的细菌对其生长又无不利影响。

2. 培养基和生长调节物质

（1）培养基种类

不同外植体、不同培养目的所需的培养基不同。在贝母组织培养中，使用过的培养基约有10种以上，包括MS、改良MS、White、Blaydes、Nitsch、LS、ER、N6和SH培养基。其中MS培养基的使用最广泛，效果最佳。例如，暗紫贝母鳞茎在MS培养基上的增殖倍数明显高于在其他培养基上的增殖倍数，分别为B5、SH、67-V培养基的1.52、1.57和1.67倍，且每升培养基增加的鳞茎鲜重和干重也是MS培养基上最大，分别比位于第二位的B5培养基高出79%和58%[15]。王跃华等[5]也得出类似结果，在MS、B5、White和SH 4种基本培养基中，MS培养基是卷叶贝母愈伤组织增殖的最佳基本培养基。其他种贝母的培养也多采用MS为基本培养基（表4-1）。这可能与MS培养基为高盐培养基，贝母鳞茎的诱导和生长需要较高的离子浓度有关。

（2）生长调节剂

贝母组织培养所需要的植物激素，主要有细胞分裂素类（6-BA、KT等）和生长素类（2,4-D、NAA、IBA等）。细胞分裂素类物质主要是促进细胞分裂与扩大，诱导芽的分化。生长素类物质主要是促进细胞伸长、诱导愈伤组织产生，以及试管苗的生根。

外源激素在贝母组织培养过程中发挥着重要作用。太白贝母、川贝母鳞茎在未添加任何激素的培养基中分别培养40 d、45 d后其愈伤组织诱导率为0%，而添加了6-BA、NAA、KT等外源激素，其愈伤组织的诱导率都呈现出不同程度的增加[9, 31]。

对于不同种类的贝母和不同的培养目的，所需的激素种类和浓度也不同，通常生长素和细胞分裂素配合使用。生长素和细胞分裂素的比例控制着细胞的分化和器官的形成，高浓度细胞分裂素与低浓度的生长素有利于芽的形成，反之则促进生根。张国珍等[13]认为，6-BA是诱导川贝母叶片产生愈伤组织的关键植物生长调节剂，培养基中添加6-BA，可顺利诱导叶片出愈。随着6-BA浓度的升高，叶片出愈率随之升高，但愈伤组织的质地变得松散。有研究报道，当NAA浓度一定时，KT对川贝母鳞茎的诱导效果优于6-BA，诱导产生小鳞茎最佳培养基为MS+KT 2.0 mg/L +NAA 0.3 mg/L，诱导率为82.77%[9]。而刘玉红等[28]在太白贝母的鳞茎诱导愈伤组织和鳞茎再生研究中则发现

NAA+6-BA组合的诱导效果优于NAA+KT。

采用多种植物激素的有效组合比采用单一植物激素效果好，各种激素对卷叶贝母鳞茎的诱导和增殖中效果各不相同，其中6-BA是起主要作用的激素，对实验的影响最大，其次是KT，2,4D和NAA的影响较小。1.0 mg/L的6-BA、NAA、KT配合使用为诱导鳞茎产生的最佳培养基，其鳞茎诱导率最高达到83.37%，且产生小鳞茎数也最多[10]。

同种贝母同种外植体所需激素浓度也有差异。在同样以暗紫贝母新鲜鳞茎为外植体的研究中，熊增芳[18]的研究结果NAA 0.5 mg/L+6-BA 1.0 mg/L组合最有利于鳞茎的分化，分化出的不定芽多且健壮，张波等[20]发现NAA 1.2 mg/L+6-BA 1.6 mg/L的组合不定芽诱导率最高，达73.3%，这两种的研究结果类似，在不定芽的诱导中生长素（NAA）含量低于细胞分裂素（6-BA），与马吉义[19]不定芽诱导的最佳培养基中生长素（NAA）含量高于细胞分裂素（6-BA），配方为NAA 2.0 mg/L+6-BA 0.5 mg/L有明显差异。这可能是与各研究者使用（采集）的暗紫贝母的产地或生长期不同有关系。

赤霉素（GA）使用并不常见，但GA具有有效解除植物的休眠，显著促进发芽的生理作用。4℃冷藏期，用GA3处理2 h可将卷叶贝母正常40 d休眠期提前至27 d[14]。在暗紫贝母组织培养研究当中，GA对暗紫贝母不定芽的形成也起一定的作用。培养基中添加GA，形成的不定芽较多也较为健壮，同时还缩短了鳞茎分化的时间[18]。GA3不仅可以打破鳞茎休眠，加快分化速度，还能诱导愈伤组织的形成，推测可能是GA3本身或者与其他激素组合有提高愈伤组织诱导率的效果[11]。

此外，病毒唑（ribaririn）、茉莉酸甲酯（jasmonic acid methylester）、油菜素内酯（brassinolide）、腐殖酸钠（sodium humate）与甾体类等微量有机化合物在不同情况下对植物生长发育也具有显著的调节作用。谭丰苹等[44]研究几种生长调节物质对组织培养暗紫贝母小鳞茎生长的影响，发现病毒唑有显著活性，而10 mg/L病毒唑是提高小鳞茎生长率的最适浓度。病毒唑通常作为抗病毒药物使用，在植物组培方面具有与核苷类细胞分裂素类似的活性。其对川贝母小鳞茎和愈伤组织的生长率的影响不明显，但高浓度（20 mg/L）下能诱导丛生鳞茎和丛生芽的发生[45]。

（3）碳源和能源

在贝母的组织培养中，常用的碳源是蔗糖。据报道，培养基中蔗糖浓度会影响暗紫贝母生长，蔗糖浓度在2%~5%之间时，随着蔗糖浓度的增加，生长率逐渐增大，且上升速度较快，在浓度为5%时，贝母鳞茎的生长率最高，浓度为6%时，生长率有所下降[46]。

培养基中蔗糖浓度为3%~5%时，随着蔗糖浓度的增大，暗紫贝母鳞茎形成的淡绿色不定芽个数也越多，芽也越健壮，分化的时间也越短[18]。同时，蔗糖浓度也影响生物碱含量，浓度为3%~5%时，生物碱含量较高[46]。因此，过高或过低的糖浓度会影响鳞茎的生长率、分化和生物碱含量。

葡萄糖和果糖也是较好的碳源，可支持许多组织很好地生长。在太白贝母的快速繁殖中将加入MS培养基中的蔗糖改用食用绵白糖，同样获得了较高的诱导频率[28]。

3. 培养条件和培养方法

（1）培养条件

培养条件如培养温度、光照等因素不仅影响细胞的增殖和分化，同时也影响生物活性成分的产生和积累[47]。

植物组织培养的温度一般为20~28℃，通常25℃左右，而贝母组织培养的温度大多在20℃左右，少数为15℃或25℃，符合川贝母类为高寒山区生长植物，在低温环境下生长较为适宜的特性。据报道，卷叶贝母鳞茎种胚在5~30℃范围内均能诱导产生不定芽，但20℃为最适温度，出芽率最高[14]。暗紫贝母的组织培养物在20℃下平均生长率稍高于25℃时的生长率，15℃低温条件下，生长率明显降低，光培养和暗培养的平均生长率比20℃条件下下降23%。而15℃和20℃时的鳞茎中生物碱含量明显高于25℃时的生物碱含量[48]。熊增芳[18]也发现20℃温度条件最适合暗紫贝母鳞茎组织培养，诱导产生的不定芽个数较多，芽健壮且分化时间也较短。而15℃有利于甘肃贝母小鳞茎增殖和生根，小鳞茎诱导和成苗的最适温度为20℃，并且甘肃贝母鳞茎在15℃培养下有利于生物碱的生产[23]。

变温培养的效果比恒温培养更好。20℃和15℃各12 h的变温条件下培养，更利于川贝母叶诱导愈伤组织的形成及愈伤组织中物质的积累[7]。在光照周期 8 h/d、温度为（25±2）℃，暗周期 16 h/d，温度为（15±2）℃的变温处理培养可以明显降低川贝母外植体的褐化率，提高组培苗获得率[39]。

温度预处理也对试管苗增殖有影响，尤其是低温处理能够影响器官发生，是获得无菌苗的关键因素之一。组培川贝母的胚状体经低温处理不同的时间后转入无激素的MS培养基中培养，结果低温处理40 d的胚状体成苗率最高，达71.4%[38]。

光照（不论时间长短）是组织培养中重要外界条件之一，它对外植体生长和分化有很大的影响。对多数植物来说，培养期间保持12 h光照。光照时长对川贝母类愈伤组织和不定芽的形成有一定影响。光培养与暗培养均能诱导川贝母愈伤组织的形成，但暗培养条件下愈伤组织的启动早于光培养，但质地疏松，需光培养后才具有分化能力[13]。光照时长从0~24 h卷叶贝母鳞茎都能诱导出芽，光照时长为12 h时出芽率最高，为最适光照条件[14]。熊增芳[18]设置了8 h/d、10 h/d和完全黑暗三个光照时间来探讨光照条件对暗紫贝母鳞茎分化影响很大。结果表明8 h/d光照时间对暗紫贝母鳞茎分化的效果最好，不定芽形成时间较短、个数较多且健壮。10 h/d光照，分化率稍低于8 h/d光照处理，不定芽个数较少，且细弱。而完全黑暗条件下，分化效果最差，分化时间较长，个数少且畸形。张波等[20]认为光照时间大于黑暗时间，有利于不定芽的形成而在一定程度上抑制愈伤组织的形成。如以不定芽培养为目的，光照时间设置较长可获得较多的不定芽（16 h/d）。这与王鹤娉[23]的甘肃贝母小鳞茎诱导、增殖、生根的最适光照条件为全黑暗培养，诱导成苗则为半光照培养（光照12 h）的研究结果有一定差异。这可能是外植体种类及生理状态不同，有的材料适合光培养，有的适合暗培养。

低温和暗处里均可以打破贝母鳞茎休眠，加快分化速度。低温黑暗处理对植物自身调节的影响较大，在川贝母鳞茎培养初始阶段设置一个低温黑暗的信号，可以通过影响植物代谢过程而改变某些物质的含量和活性，再加上合适的生长环境，鳞茎做出应答的速度和概率都会提高[11]。

（2）培养方法

目前植物组织培养方式可分为固体培养和液体培养两大类，现代又有单细胞培养等多种培养方法。

在众多的贝母组织培养试验中，大多数人都采用固体培养，这主要是固体培养更容易操作[49]。有研究表明液体培养比固体培养具有更大的技术优势，可能是由于液体培养基具有更好的分散性，液体中的营养能够被充分吸收的缘故[16]。蔡朝晖等[48]通过对暗紫贝母组织培养条件的研究后发现使用摇床液体培养（110 r/min）方法，培养材料增殖倍数比固体培养的高31%，生物碱含量比固体培养基高30%。川贝母细胞团块在液体培养中的生长速度明显快于固体培养，细胞团块中总生物碱含量均高于市售川贝母和野生川贝母鳞茎[50]。目前，人参[51]、红豆杉[52]、黄花蒿[53]等药用植物细胞悬浮培养生产有效成分取得一定的成功，而川贝母类植物细胞悬浮培养的相关报道较少，可以将川贝母类植物细胞悬浮培养生产生物碱作为未来进一步研究的方向。

三、川贝母类组织培养过程中有效成分积累

利用组织培养技术生产药用有效成分是扩大川贝母类药用资源的有效途径。生物碱是川贝母类药材的主要有效药用成分，一些学者尝试利用组织培养技术诱导形成小鳞茎，再以小鳞茎提取生物碱，发现组培鳞茎与原种鳞茎有相似的生物碱和皂苷组成，且一般总生物碱含量比原种鳞茎高。陈敏等[3]研究表明，组织培养物的总生物碱含量是原种及市售川贝母的2~4倍，组培鳞茎与原种鳞茎的游离全蛋白图谱完全一致。组培川贝母总生物碱含量几乎都高于野生川贝母鳞茎，含量高低顺序为组培再生鳞茎>带不定根的愈伤组织>带不定根的褐化愈伤组织>愈伤组织>褐化愈伤组织>野生鳞茎>市售川贝母[45]。组培川贝母（暗紫贝母）和商品药用川贝母具有相同的化学成分和生物碱种类，并提高人体必需元素的含量，且降低了对人体有害元素的含量[54]。

蔡朝晖等[48]通过鳞茎增殖途径对川贝母中暗紫贝母进行生物碱生产的研究，结果表明组培川贝鳞茎生物碱含量在全生长阶段保持稳定，并与野生型具有相同药效，且毒性较低。川贝母类药材采收期不同其成分含量有差异，而组培过程中生物碱含量和产量会随时间及生长特性发生变化。高山林等[16]通过对暗紫贝母鳞茎器官培养生长特征和生物碱累积的研究发现培养30~50 d期间是鳞茎组织快速生长期，50 d时鳞茎培养物中干物质积累最高，为适宜采收期。培养鳞茎在全生长阶段中生物碱含量都较高，是野生商品药材的1.22~1.50倍。张波[21]采用HPLC法测定了暗紫贝母组织培养过程中不同时期不定芽中贝母素甲的积累情况，发现32 d左右是不定芽中贝母素甲的最佳积累时间，且含量远高于原种鳞茎，与李敏艳等[55]研究结果一致。张国珍等[13]探讨川贝母叶片愈伤组织生长与总生物碱积累个关系，发现随着培养时间继续增加，总生物碱的含量和产量开始大幅度下降，在愈伤组织培养第28~35 d之间为最佳采集时间。甘肃贝母组培再生鳞茎的总生物碱含量也高于野生原种鳞茎，鳞茎组织培养以60天为适宜采收期[23]。

目前，已参考2010年版《中国药典》相关方法，建立了组培川贝母的质量标准，包括总灰分、酸不溶性灰分、浸出物、薄层色谱等项目的检查方法并规定限度[56]，为组培川贝母的开发利用和质量控制提供了依据。

综上，通过组织培养、快速繁殖能够保持和提高其有效成分含量，同时还可以获得新的活性成分，具有较好的开发利用价值，对于缓解市场的供求矛盾，保护开发川贝母类资源将具有积极作用。

参考文献

[1] 耿茂林，马琳，常莉，等．贝母组织培养研究进展[J]．淮北煤炭师范学院学报（自然科学版），2007，28（1）：38-42．

[2] 陈敏，陈和荣，钟凤林，等．川贝母组织培养的研究[J]．中国中药杂志．1995（08）：461-462．

[3] 刘帆，倪苏，李方安．提高卷叶贝母组织培养的植株再生率的研究[J]．植物生理学通讯2006，41（1）：169-170．

[4] 王跃华，闫胜杰，代勇，等．川贝母不同部位外植体对鳞茎再生的影响[J]．西南农业学报，2010，23（06）：2026-2029．

[5] 王跃华，代勇，闫胜杰，等．卷叶贝母愈伤组织快速增殖条件的研究[J]．西南农业学报，2010，23（02）：528-531．

[6] 王跃华，代勇，何宗晟，等．离体培养条件对卷叶贝母鳞茎再生的影响[J]．中药材，2010，33（06）：854-856．

[7] 王跃华，张阔军，张丽君，等．川贝母叶高效诱导愈伤组织体系的研究[J]．安徽农业科学，2011，39（03）：1374-1375．

[8] 李宝海，曾钰婷，刘正玉，等．西藏卷叶贝母组织培养研究[J]．农产品加工（创新版），2012，（05）：63-65，80．

[9] 王跃华，江明殊，何诗虹，等．川贝母组培苗快速繁殖研究[J]．四川师范大学学报（自然科学版），2013，36（06）:941-944．

[10] 王跃华，郭翠平，何诗虹，等．不同激素配比对卷叶贝母鳞茎诱导效应的影响[J]．中药材，2014，37（06）：931-934．

[11] 王伟，张大燕，文欢，等．川贝母组织培养的影响因素研究[J]．中药与临床，2017，8（04）：1-3，13．

[12] 王跃华，张晓捷，马涛，等．卷叶贝母根高效诱导愈伤组织及快速增殖研究[J]．种子，2019，38（04）：107-110．

[13] 张国珍，代庭伟，王菲，等．川贝母愈伤组织诱导及生物碱积累的研究[J]．植物学研究，2020，9（1）：59-64．

[14] 史正文，郝晶晶，甄会贤，等. 卷叶贝母组织培养体系建立及ABA和GA3对其鳞茎萌发的影响[J]. 分子植物育种，2022，20（10）：3347-3354.

[15] 徐德然，高山林，蔡朝晖，等. 暗紫贝母鳞茎培养中培养基的选择和简化试验[J]. 中国药科大学学报，1992（05）：304-306.

[16] 高山林，朱丹妮，蔡朝晖，等. 暗紫贝母鳞茎器官培养生长特征和生物碱累积的研究[J]. 中国药科大学学报，1992（03）：144-147.

[17] 李隆云，周裕书，代敏，等. 暗紫贝母鳞茎再生组织培养技术研究[J]. 中国中药杂志，1995，20（2）：78-80.

[18] 熊增芳. 暗紫贝母组织培养的研究[D]. 西宁：青海师范大学，2009.

[19] 马吉义. 暗紫贝母组织培养和快速繁殖的研究[D]. 西宁：青海师范大学，2011.

[20] 张波，李军立，李玉锋，等. 暗紫贝母愈伤组织和不定芽诱导研究[J]. 生命科学仪器，2011，9（03）：48-50.

[21] 张波. 暗紫贝母组织培养及其生物碱积累研究[D]. 成都：西华大学，2011.

[22] 张振霞，张惠婷，庞立志，等. 暗紫贝母鳞茎的组织培养[J]. 江苏农业科学，2015，43（03）：17-19.

[23] 王鹤娉. 甘肃贝母组培快繁技术及对其总生物碱积累影响的研究[D]. 兰州：甘肃农业大学，2008.

[24] 张振霞，李彩萍，张秋枚，等. 甘肃贝母的组织培养和植株再生研究[J]. 北方园艺，2014（10）：80-84.

[25] 杨涛，王沛雅，张军，等. 濒危药材甘肃贝母试管小鳞茎再生的研究[J]. 中药材，2016，39（05）：971-974.

[26] 李丽. 两种贝母的组织培养及外源GA3、ABA处理对甘肃贝母鳞茎休眠的促抑效应[D]. 兰州：甘肃农业大学，2017.

[27] 衷维纲，刘素珍，杨观梅. 太白贝母鳞茎切片的组织培养[J]. 中草药，1982，13（09）：40-42.

[28] 刘玉红，王善敏，王淑强，等. 太白贝母的快速繁殖试验[J]. 中国中药杂志，1996，21（1）：15-17.

[29] 贾晗，付绍智，陈洪源，等. 太白贝母不同器官愈伤组织诱导培养研究[J]. 亚太传统医药，2014，10（19）：11-13.

[30] 冯治朋. 太白贝母组织培养和繁殖研究[D]. 咸阳：西北农林科技大学，2017.

[31] 李益, 付亮, 黄娟, 等. 太白贝母组培苗快繁试验初探[J]. 农业科学, 2020（9）:4-6.

[32] 欧珠朗杰. 藏药材——梭砂贝母组织培养研究[J]. 西藏科技, 2012（09）:72-73.

[33] 欧珠朗杰, 米玛潘多, 孙泽韧. 梭砂贝母鳞茎组织培养研究[J]. 南方农业, 2019, 13（27）: 129-130.

[34] 欧珠朗杰, 贺凯, 米玛潘多. 不同植物生长调节剂浓度组合消毒方式及培养基蔗糖浓度对梭砂贝母愈伤组织诱导的影响[J]. 农业与技术, 2020, 40（18）: 21-23.

[35] 滕俞希, 王晶金, 陈逸菲, 等. 瓦布贝母组织培养及生物碱的测定[J]. 四川大学学报（自然科学版）, 2022, 59（01）: 181-185.

[36] 郝玉蓉, 李明世, 齐远兰. 伊贝母体细胞的建立及其胚状体的发生[J]. 西北植物学报, 1989, 9（4）: 233-238.

[37] 张浩, 陈泽杉, 杨央. 中华贝母幼茎培养及器官与体细胞胚的发生[J]. 华西医科大学学报, 1995, 26（1）: 33-37.

[38] 李强. 组培川贝母（*Fritillaria Cirrhosa* D.Don）鳞茎形成和发育过程中的生理生化研究[D]. 成都: 四川大学, 2003

[39] 王晓, 苏娟, 李昆华, 等. 川贝母鳞茎组织培养过程中褐化的控制初探[J]. 浙江农业科学, 2019, 60（07）: 1192-1194, 1207.

[40] 胡章薇, 熊芹, 肖小君. 中草药川贝母繁育技术研究进展[J]. 安徽农学通报, 2017, 23（11）: 133-135, 165.

[41] 田永亮, 张文, 张国珍, 等. 两种抗生素对葡萄组培中污染菌的抑制作用[J]. 北方园艺, 2005（05）: 84-85.

[42] 王黎波, 李晓燕. 抗生素在植物组织培养中控制污染的应用[J]. 辽宁农业科学, 2007（03）: 69-70.

[43] 王跃华, 张珏, 江明殊, 等. 川贝母培养物快速生产中的有效除菌研究[J]. 成都大学学报（自然科学版）, 2013, 32（03）: 229-231.

[44] 谭丰苹, 高山林. 生长调节物质对组培暗紫贝母小鳞茎生长的影响[J]. 植物资源与环境, 1999（01）: 53-56.

[45] 杨杨. 野生和组培川贝母的总生物碱含量测定和定位研究[D]. 成都: 四川大学. 2007.

[46] 蔡朝晖，朱丹妮，陶金来，等. 培养基中蔗糖浓度及添加氨基酸对组培暗紫贝母生长的影响[J]. 中国药科大学学报，1996（01）：1-3.

[47] 张寿文，刘贤旺. 贝母属植物的组织培养研究进展[J]. 江西农业大学学报，2003（02）：187-190.

[48] 蔡朝晖，高山林，徐德然，等. 不同培养条件及方法对组培暗紫贝母生长的影响J. 中国医科大学学报，1992，23（6）：367-369.

[49] 刘涤. 植物次生物质工业化生产研究的现况[J]. 生物工程学报. 1987，3（01）：9-15.

[50] 王跃华，何宗晟，孙雁霞，等. 川贝母细胞团块悬浮培养生产生物碱的研究[J]. 中药材，2011，34（02）：183-186.

[51] 黄景嘉，罗眺，汤钦，等. 药用植物人参愈伤组织的诱导培养与悬浮细胞体系建立[J]. 生命科学研究，2014，18（2）：121-123.

[52] 王沐兰，杨生超，郁步竹，等. 红豆杉高产悬浮细胞系建立及其紫杉醇诱导的研究进展[J]. 广西植物，2016，36（9）：1137-1146.

[53] 龙炎杏，张学文，罗莎，等. 黄花蒿悬浮培养细胞系的建立及遗传转化[J]. 湖南农业大学学报（自然科学版），2018，44（6）：607-612.

[54] 朱丹妮，蒋莹，陈婷，等. 组织培养川贝母化学成分和药理作用的研究[J]. 中国药科大学学报，1992（02）：118-121.

[55] 李敏艳，毋楠. 暗紫贝母在不同组培时期贝母甲素动态积累研究[J]. 生命科学仪器，2011，9（04）：45-47.

[56] 江明殊，王跃华，刘涛，等. 组培川贝母质量标准研究[J]. 成都大学学报（自然科学版），2014，33（04）：301-304.

第五章
川贝母的栽培与管理

川贝母资源供应短缺是制约川贝母产业链高质量发展的首要瓶颈问题。野生资源的匮乏，使得当前市场流通的川贝母药材逐渐以人工栽培为主。因此，开展野生抚育和人工繁育是对川贝母资源的有力补充。近年来，有关川贝母的资源保护、可持续利用、人工栽培成为研究热点，川贝母的产量和品质已逐渐成为产业发展过程中的关键难点之一。通过人工干预解决种子成熟度、休眠期、发芽率等问题，川贝母的种子发芽率从野外自然状态下的30%~40%提升到80%以上，其种子发芽率低的问题初步得到了解决[1,2]。四川省、青海省等省市规模化栽培基地，人工栽培的川贝母品种主要为暗紫贝母、川贝母、太白贝母、瓦布贝母、甘肃贝母和梭砂贝母[3]。川贝母因其特殊的海拔、生长环境、气候和土壤等限制，不适宜像传统农作物或经济作物一样大规模种植。

近年来，依托道地药材川贝母的种植，在推动川贝母产业的基础上，带动山区人民增收致富、助力乡村振兴已显成效，但川贝母生产仍面临着周期长、产量低等难题，如何基于"仿野生栽培"模拟川贝母野生状态下需要的各种环境因素，通过科学设计和管理植株密度，使用遮阴、密集栽培、科学施肥和病虫草害绿色防治等优化川贝母的生长环境和进程，完善丰富川贝母的栽培技术与管理水平，推动川贝母生态种植、野生抚育、仿野生栽培的可持续发展仍需要开展大量的工作。

本章基于川贝母栽培与管理过程中仍存在的缺乏科学规划、生产不规范、产量较低、质量较差等系列生产问题，系统概述了川贝母的资源培育、栽培制度、种子繁育、田间管理、病虫鼠草害防治、采收、产地、产地初加工等系列内容，论述川贝母生产中栽培的关键技术与管理要点，为完善珍稀药材川贝母的生产技术体系、质量体系以及助力川贝母高质量发展提供系统知识和科学支撑。

一、川贝母对生态环境的要求

川贝母主要分布于北半球温带地区的四川、云南、西藏等省（区），生长在亚高山针阔混交林、草甸、高山灌丛、河滩、山谷湿地或岩缝中，以山原地貌为主，常见于向阳山坡上。川贝母的伴生植物为杜鹃属（*Rhododendron*）、金露梅属（*Dasiphora*）、绣线菊属（*Spiraea*）、鲜卑花属（*Sibiraea*）、风毛菊属（*Saussurea*）、小檗属（*Berberis*）等。川贝母喜冷凉气候，具有耐寒、喜湿、不耐旱、忌积水、怕高温、喜荫蔽的特性。当气温达到30℃或地面温度超过25℃时，植株会枯萎或死亡，在低海拔无法存活；在无阴凉的环境下栽培，幼苗易晒死[4-6]。日照过强使植株水分蒸发和呼吸作用增加，导致鳞茎干燥率低，鳞茎色稍黄，易成"油子"、"黄子"或"软子"。

（1）海拔：贝母主要分布于海拔2400~4700 m的高山灌丛及草甸地带。棱砂贝母分布海拔最高，下限略高于高山灌丛上限；甘肃贝母、暗紫贝母、川贝母分布于高山灌丛、草甸地带，下限分别相接或低于亚高山针叶林上限[7-9]。

（2）温度：川贝母各来源种产地就近引种，平均温度全年0~6℃，最冷月平均不低于0℃，最热月不高于15℃，各种间的适应温度范围有差异。通常日均气温5℃左右出苗，10~13℃开花，14~16℃果实成熟，多种贝母年生育期90~105 d[7,10]。

（3）光照：除棱砂贝母外，其他川贝母来源种对光照的适应范围较宽。光照弱，茎叶细长，鳞茎产量低；花期光照弱，有效花率低，有的种败育。在适生温度范围内，鳞茎增长率与光照强度成正相关关系[7,11-12]。光照过强，叶片被泥土污染处易灼伤，这也是存苗率不高的重要原因之一。

（4）水分：川贝母基原植物野生产区多为高海拔山区，冬季、春季干旱寒冷，且很少有灌溉设施，土壤严重缺水，进而导致干旱，被动休眠的种子和鳞茎失水活力下降[7,10]。因此，人工栽培需选择土壤较湿润的环境或人为增加灌溉设施。

（5）土壤、肥料：主要土壤类型为黑钙土、淋溶土、低活性淋溶土、灰色森林土等。肥沃、疏松、富含腐殖质的微酸性土壤上川贝母基原植物良好生长。过沙、过黏、板结的土壤对川贝母种子萌芽不利，易引起幼苗早衰，影响生长与产量[2,7,10]。植株不同发育期对肥料的需求有所差异，苗期因鳞茎提供营养，对肥料要求不高；第2~5年植株对肥料需求逐渐增加，施肥可提高产量。缺氮时，叶呈现黄绿色，且具黄色条斑；缺磷时，叶较薄，呈现绿色暗淡或红褐色，光泽较低[13,14]。

二、川贝母的资源培育

川贝母药材需求的急剧增加及其野生基原植物产量低、野生状态下种子数量少、萌芽率及成活率极低等原因，川贝母野生资源处于濒危状态，引起了严重的供需失衡。以川贝母野生植株为例，川贝母野生个体曾在3000 m以下的山坡有大量分布，但目前海拔3500 m以下已很难发现野生资源[7,15]。众多研究通过调研川贝母野生基原植物资源分布格局形成的生态因子，为川贝母的资源培育提供发展思路，积极探索野生抚育、人工培育和引种驯化三种切实可行的资源培育措施，以期解决资源短缺的产业瓶颈问题，实现川贝母的供需平衡。

（一）川贝母的野生抚育

中药材野生抚育是指根据中药材的生长特性及其对生态环境的要求，在其原生或类似的生境中，人为或自然调整生物种群数量，使其资源满足人们采集利用的需求，同时可持续保持群落平衡的一种中药材生产方式[6]。2021年，国家林业和草原局《关于印发林草中药材生态种植、野生抚育、仿野生栽培3个通则的通知》（林改发〔2021〕59号），规定了林草中药材野生抚育的基本原则、抚育模式、抚育区选择等基本要求。林草中药材野生抚育是指对原生境内自然生长的中药材，根据其生物学特性及群落生态环境特点，主要依靠自然、辅以轻微干预措施，提高种群生产力的一种中药材生态培育模式[16]。野生抚育作为一种生态种植方式，是最大可能实现中药材产量和品质的最佳结合，同时也是环境友好的中药材种群扩增和保护策略方式。川贝母的野生抚育是在川贝母的原生态环境中，即高海拔主要产区，通过人工或自然的调节方式实现川贝母的高密度种植，且可较好地维持川贝母的生境。川贝母野生抚育主要解决抚育模式、抚育区选择、伴生群落、繁殖材料、栽培管理等系列问题[1,17]。目前，在四川、西藏、甘肃等川贝母分布的高海拔地区，人为活动少，环境污染排放少，且有川贝母生长需要的伴生植物群落，川贝母的野生抚育已经获得了一定的研究和进展。陈士林等在四川甘孜州的高山灌丛和高山草甸中人工模拟野外群落，构建一定规模的川贝母野生抚育基地，并对川贝母的生态分布、土壤理化性质、伴生植物群落及其品质的相关性进行了系统研究[6]。国内中药材公司已在四川甘孜州、阿坝州、甘肃、西藏等地开始了对川贝母的适生自然环境选择、人工抚育试验推广和野生抚育基地建造，对川贝母种子作预处理、促进种子萌发，有效提高川贝母出苗率和整齐度，提高川贝母药材生长及其生产质量，实现川贝母的规模化生产[1]。川贝母野生抚育可减少田间管理中部分除草、施肥、施农药等生产环节，在一定程度上降低人工管理成本，与普通的农业生产差别大，可有效解决野生药材采集与资源更新、供应短缺与需求增加、药材产量与品质等矛盾问题，形成有效缓解川贝母生产、生态平衡间冲突的良好模式。总之，川贝母野生抚育生产模式可有效避免传统模式下的生产弊端，促进人工种植药材的生态、社会效益双协同，可实现川贝母资源的可持续利用。经过前期的实践发现，川贝母的野生抚育在实现药材有效增产的同时还兼顾了生态环境的平衡，优势明显，但目前存在川贝母野生抚育相关理论构架依然不够健全、实践经验不足等短板，需要再进一步深入研究、探索与实践。

（二）川贝母的人工培育

川贝母的人工培育主要包括种子繁殖、无性繁殖和引种驯化3种方式。

（1）种子繁殖：种子繁殖是川贝母有性繁殖的方式，也是最为传统的繁殖方式。川贝母种子因其生理特性表现出休眠周期长、发芽率低、出苗不整齐等缺陷，因此，川贝母种子繁殖需进行种子后熟和其他处理。于婧等通过川贝母种子浸种8 h（吸水率达80%以上），层积处理60 d（促进种胚后熟），可将出胚率提高至43%，其中25℃层积温度发芽率显著高于其他发芽温度。这些结果表明，川贝母种子进行层积处理可打破种子的休眠，发芽率与层积处理的时间有关[18]。伍燕华等对收获的川贝母种子进行常规指标测定，表明川贝母种子的净度为92.48%、发芽势为60.45%、发芽率为94.80%、含水率为13.81%、最大吸水率为160.18%、生活力为90.40%、病种百分率为3.748%。结果有助于川贝母种子质量的分级标准和人工育苗研究[19]。刘翔等研究表明，川贝母种子经保湿层积处理后，观察不同播种期对种子发芽率的影响，发现以第二年3月初播种且覆盖1 cm牛粪腐殖土，发芽率结果最好[20]。尽管众多研究人员对川贝母的种子繁殖进行了大量工作，并提出了诸多指导建议，但是川贝母的种子繁殖目前依然面临着生产周期长、管理困难、幼苗成活率低等实际问题。

（2）无性繁殖：由于川贝母种子繁殖的周期过长，而组织培养具有繁殖快、繁殖系数高等特点，是解决川贝母资源繁殖的有效方法之一。目前，学者们在川贝母基原植物的组织培养方面进行了大量的研究，一般多选用幼小鳞茎、叶和种子作为外植体进行组织培养研究。杨杨等对比分析川贝母原种鳞茎与其组培鳞茎化学成分，结果表明组培鳞茎中总生物碱、总皂苷、K、Mg、Ca等含量较高。对比暗紫贝母原种与组织培养再生植株，结果也表明两者的有效药用成分和化学组分并无显著性差异[21]。王跃华等研究表明选择川贝母开花期植株上的鳞片叶作为外植体，对再生鳞茎的诱导率最高。此外，选择包含2.0 mg/L 6-苄基腺嘌呤（6-BA）、0.2 mg/L 萘乙酸（NAA）的MS培养基接种外植体，可显著提高再生鳞茎的诱导率和再生鳞茎的数目[22]。张波等研究暗紫贝母鳞茎诱导形成不定芽时发现，使用包含1.2 mg/L NAA、1.6 mg/L 6-BA的MS培养基，鳞茎新芽生成率最高[23]。杨涛以甘肃贝母鳞茎为外植体，对比研究不同消毒方法、激素浓度及配比、培养条件等对原球茎发生、生长膨大、发芽生长的影响。结果表明，鳞瓣、鳞心诱导过程最优激素组合差异显著，且鳞心诱导率高于鳞瓣，鳞瓣原球茎生长膨大效果明显优于鳞心原球茎，这表明不同大小的鳞茎在发芽生长特性方面存在较大差异[24]。张国珍等筛选出最佳愈伤组织诱导培养基是MS+2.0 mg/L 6-BA+0.5 mg/L 2,4-D+0.1 mg/L NAA，且诱导产生的愈伤组织生物碱稍低于原药材，表明通过培养愈伤组织是一种获得川贝母生物碱的有效方法[25]。滕俞希等以瓦布贝母鳞茎为外植体，发现不同种类和浓度的激素能够影响外植体的启动和生长状况，0.5～2.0mol/L NAA和6-BA能诱导出再生鳞茎。表明通过组织培养技术可获得瓦布贝母再生鳞茎，且50%以上再生鳞茎总生物碱含量达到中华药典的规定要求[26]。系列研究结果表明，通过川贝母组培技术的应用，减轻对川贝母野生资源的过度依赖，进而更好地保护川贝母的野生资源是切实可行的。然而，川贝母的组织培养技术中仍存在一些问题，例如能否采取有效预防措施降低外植体污染概率、褐变等是工厂化组织培养成功与否的关键。此外，组培幼苗的驯化移栽时间、成活率及鳞茎的发育等仍有待于进一步深入研究。

（3）引种驯化：海拔是影响川贝母基原植物引种成功的重要因素，虽然川贝母有在低海拔地区引种成功的实例，但在低海拔地区的大规模栽培繁育却未见报道。1972年，四川省中医药研究院在重庆南川海拔1800 m的金佛山对暗紫贝母和太白贝母进行引种试验，结果表明暗紫贝母很难正常生长发育，而太白贝母可正常生长发育，具有十分明显的繁殖和生长优势，是川贝母中适宜家种栽培的品种[27]。马晓匡等将采集于海拔为2700 m的云南点苍山川贝母种子引种到海拔为1997 m的大理医学院试验地，通过不同种子处理、播种育苗、生长期观察等系列试验，表明气温是低海拔引种川贝母的关键，并认为选用区域分布偏南、海拔相对较低的种源进行栽培较为可行[28]。目前，川贝母不同基原植物的引种驯化有所差异，其中太白贝母和瓦布贝母的适应性较强，其引种驯化程度较高，引种驯化栽培的药材药用有效成分和化学成分含量也不比野生品种差，加之其栽培范围广、产量高，已作为药材川贝母的主要栽培品种而被广泛使用。目前，四川阿坝州等地将瓦布贝母从牧区引种到农区，变野生为家种，建立了以瓦布贝母为基原种的川贝母种植基地，将瓦布贝母的生长环境降低了一个生物气候带，海拔高度降低了约500m。高海拔地区川贝母的生产管理较困难，低海拔地区的引种驯化有助于川贝母资源培育及可持续性利用，并能创造经济价值。但是，甘肃贝母、梭砂贝母、暗紫贝母等品种引种驯化成功的报道还较少，川贝母基原植物的引种驯化还需要更多的基础研究和探索实践。

三、川贝母的栽培与管理

（一）川贝母栽培地的选择

1. 选地

（1）地形地势：根据生长习性[7-9]，川贝母的生长对地形地势要求较高，一般选择海拔2400~4700 m，坡度25°以下，阳坡或半阳坡，有水源、地形开阔地段。

（2）气候条件：川贝母喜冷凉气候，具有耐寒、喜湿润、怕高湿、喜荫蔽的特性[12,17]，气温达到30℃或地温超过25℃时植株就会枯萎，海拔低、气温高的地区不能生存。川贝母适生气候为全年平均温度0~6℃，气温最高25.6℃，最低-25.8℃，年降雨量100 mm，相对湿度61%，无霜期约100 d，各种间的适应温度范围有差异。

（3）土壤条件：栽植地土壤的优劣直接影响贝母鳞茎的产量，宜选择土层深厚、疏松排水良好、微酸性、富含腐殖质的土质或沙壤土[2,7,10]。

（4）环境条件：产地环境、土壤、水、大气条件应符合《无公害农产品种植业产地环境条件》（NY/T 5010—2016）、《土壤环境质量农用地土壤污染风险管控标准（试行）》（GB 15618—2018）、《农田灌溉水质标准》（GB 5084—2021）、《环境空气质量标准》（GB 3095—2012）等规定要求。

2. 整地

（1）整地：冬季土壤上冻前，清除杂草、树根、石块等杂物，每亩施加熟化有机肥500~1000 kg，深翻30~40 cm，细耕慢耙；过沙、过黏、板结的土壤可加配腐殖质土、油渣、锯末和细沙，整地时与表层土壤混匀，耙松整平，并使用杀菌剂消毒。

（2）做畦：为使在单位面积里能获得较高的产量又便于管理，畦作栽培是最佳的选择。一般畦宽100~120 cm，垄沟宽30 cm，高10~15 cm，畦间步道宽40~50 cm，长度根据地块地形地势以及种子量多少而定。在地势高、干燥地块栽培时，可平畦或低畦栽培；地块地势较低时，可高畦栽培。高畦栽培需先将作业道上的土分为两侧，培成畦埂，畦埂内铺垫有机肥与过筛土壤并耙平，耙平后的畦面要低于畦埂3 cm左右。在栽培区四周开挖排水沟，便于雨季排水，雨季要经常检查和深挖排水沟，防止积水。

3. 栽培区规划

应对栽培区道路系统、排灌系统、附属建筑设施等进行统一规划。为了能够控制水分、温度、湿度，条件好的可建大棚、遮阴网等设施，棚内环境相对独立，温湿度可进行调控，如鳞茎起挖、移栽时保持土壤干燥，大棚育苗时提供遮阴环境（图5-1）。

图5-1　川贝母仿生栽培基地

（二）川贝母的种子采收和鳞茎培育

1. 种子采收

果实的采收以种子是否成熟饱满为依据[29]，9月中旬至10月上旬，当果皮颜色由绿色转为黄棕（深黄）色时采收，晒干，与湿润细砂拌和（种子：细砂＝1∶2），在室内地势高、干燥处堆积储藏或装入木箱置室内阴凉通风处储藏备用。

2. 鳞茎采收

鳞茎是在收贝母时边挖边选，首先将选出来的贝母分类，将不符合商品规格的表面无伤口的鳞茎作为种源，进行鳞茎繁殖[1]。鳞茎繁殖的种源可以在播种后2年收获；此外，在挖收过程中有些挖伤的掉离鳞片或大粒的鳞茎，可将鳞片掰开切块，摊开晾约7 d，待伤口形成棕黄色愈伤组织后再作为种源进行栽种。采用鳞茎繁殖可解决种子繁殖出苗率不统一的问题，是川贝母的田间标准化生产的保证。

（三）川贝母的播种方法

1. 分级选种

（1）种子选种：根据净度、发芽率、千粒重、含水量选择高质量的川贝母种子。

（2）鳞茎选种：筛去川贝母鳞茎中的石子、土块、杂物，并挑出干瘪、破损及有虫口的鳞茎，将筛选出的鳞茎按大、中、小分级，大于榛子粒的为大球、平米粒大小的为中球、小于高粱粒的为小球，分别进行播种。从种子成本和质量等因素综合考虑，以中球、小球为宜[1,30]。鳞茎要求完整，选择色白、浆足、更新芽健全、饱满、无病虫害、无机械损伤的鳞茎作种源。

2. 种子和鳞茎处理

（1）种子处理：用赤霉素浸泡选中的川贝母种子，浓度20~40 mg/L处理32 h效果最佳[30]，可促使种子萌发，有效提高川贝母出苗率和整齐度。此外，种子用50%的多菌灵或甲基托布津1000倍液处理，浸种30 min后栽种。

（2）鳞茎处理：播种前，鳞茎用50%多菌灵或70%甲基托布津可湿性粉剂500倍液浸泡30 min左右，晾干后播种。

3. 播种密度

（1）种子播种密度：播种前施入底肥，使之充分腐熟发酵并杀死虫卵，播种方式为撒播或者条播，播种密度为3000~5000粒/m²最为适宜，每亩用种量3~4 kg。

（2）鳞茎播种密度：大、中球按行距6~10 cm，株距5 cm播种，小球按3~5 cm的株行距均匀撒播。小球每亩（1亩≈666.67 m²）播150~200 kg，中球每亩播200~300 kg，大球每亩播300~400 kg。按确定的行距在畦上开横沟，沟深约1~10 cm，把种鳞茎按确定的株距摆放在沟里，顶芽朝上，然后覆土。中小球鳞茎可撒播，力求均匀，不出现空播、聚堆等现象。

4. 播种深度

（1）种子播种深度：撒播时将种子与过筛的腐殖土一起拌匀撒于畦面上，覆盖1~2 cm的农家肥腐殖土；条播时先在畦面挖一条深1.5~2 cm的横沟，将拌有腐殖土的种子均匀撒在沟中，覆盖1.5~3 cm的细腐殖土。

（2）鳞茎播种深度：播种完毕后，用一块薄木板将鳞茎稍压，与土壤平齐，随即将过筛的土壤覆盖在种子上面，土厚不能低于3 cm，并保持平坦。覆盖要轻轻扬撒，大、中球覆盖土厚5~6 cm，小球4 cm。

5. 栽植时间

（1）种子播种时间：有冬播和春播2种方式，一般采用冬播，播种时间为10月中下旬。播种过迟，根系生长发育不良，植株矮小，影响产量。

（2）鳞茎播种时间：一般9月中旬至10月上旬为适宜播种期。

6. 注意事项

播种与播种后需注意几点：（1）土壤消毒，覆土后用甲基托布津、多菌灵、百菌清等农药对土壤进行喷雾灭菌消毒；（2）种子和肥料分层，通过适当深施基肥，使种子和肥料分布在不同土壤深度，从而预防种子或鳞茎损坏；（3）重施基肥，根据川贝母生长发育期需要的总肥量，按照基肥用量占总施肥量的10%施基肥，且有机肥要充分腐熟，避免病害或虫害；（4）分级播种，把川贝母种子或鳞茎按大小分类后种植于不同的田块，保证川贝母出苗整齐、长势一致，便于田间培育管理；（5）防控地下害虫，播种后及时撒施辛硫磷颗粒剂，或喷施40%辛硫磷1000倍液；（6）灌溉排水，播种后，如遇秋冬干旱，及时浇水，保持土壤湿润，促进更新芽的分化和生根；种子或鳞茎发芽后，生长期水分需求较多，如果生长期缺水，茎叶生长不良、鳞茎发育受限；如果雨水过多，田间积水，要及时排水，否则影响种子或鳞茎萌发、苗期生长，甚至使茎叶和鳞茎腐烂；（7）发芽2~3个月后，每亩使用35 kg磷钾肥根外施肥；注意避免灌溉过程中泥浆飞溅附在叶片上对植株造成的损伤。

（四）川贝母的田间管理

1. 播种后与苗期管理

播种后，在床面上覆盖草帘、秸秆、腐熟落叶1~2 cm或遮阴网，以利遮阴防草、保湿、保温，促进第2年的种子或鳞茎发芽。播种后春天出苗前揭去畦面覆盖物，分畦搭棚遮阴。苗出齐时，用1%硫酸铜溶液喷雾进行苗期田间消毒；川贝母幼苗叶展开后，用15%粉锈宁500倍液防治白粉病，10%甲基托布津可湿性粉剂800~1000倍液防治锈病，每隔15天喷1次，两种药剂交替使用可避免产生耐药性。川贝母刚出土的幼苗很弱小，应结合除草进行浅松土，深度以不伤鳞茎为准，除草过程中尽量不要伤幼苗，带出小鳞茎随即栽入土中。幼苗出苗前以及秋天倒苗后各用草铵膦等除草剂除草1次。如播种期间或播后土壤干旱，可适当喷雾、浇水或向畦内灌水，土壤含水量保持在50%~60%，直至土壤冻结。第2年土壤融化后，适当喷灌防止春季干旱。

2. 搭棚遮阴

根据川贝母基原植物野生资源的生境情况，川贝母喜冷凉、怕高温、喜湿、需光，但忌强光，因此，川贝母生长期需适度遮阴。川贝母仿生态种植中，光照强度和地温可通过搭置遮阴棚、覆盖等方法调节，不同品种不同生产期需光情况有显著差异，需要不同方法配合使用，最好是晴天荫蔽，阴、雨天亮棚炼苗。当出苗率达到80%或地表温度达25℃时，为避免晒伤晒死川贝母苗必须搭建遮阴棚[1,11-12]。为方便川贝母生产管理，遮阴棚通常高200cm（图5-2），第1年，设置遮阴度50%~80%；第2年，设置遮阴

图5-2 川贝母播种后出苗期与搭棚遮阴

度50%~60%；第3年，设置遮阴度30%~50%；第4或5年，可取下遮阴网。第1~3年，天气晴好时需要遮阴，阴天则需要亮棚炼苗，以提高川贝母苗的质量及抵抗能力。9月以后，川贝母植株地上部分逐渐枯萎，转入地下鳞茎发育期，形成新芽。第1~3年，川贝母植株地上部分生物量小，对光照敏感，强光容易引起地表温度陡高，引起植株枯萎，应以搭置遮阴棚和覆盖两种方法控制地表温度；而第4~5年，川贝母植株地上部分生物量大，可适应较高的光强，适当降低遮阴度。

3. 合理施肥

合理施肥是影响川贝母产量和品质形成的主要因素之一，对川贝母生产具有重要的意义。川贝母栽培中使用的肥料类型和种类主要包括有机肥，如厩肥、堆肥、清肥和油枯肥等农家肥；无机肥主要有尿素、磷肥和钾肥等；叶面肥为磷钾肥[31,32]。肥料质量应符合《有机肥料》（NY 525—2012）、《肥料合理使用准则氮肥》（NY/T 1105—2006），《肥料合理使用准则钾肥》（NY/T 1869—2010）、《肥料合理使用准则通则》（NY/T496）等标准。川贝母是浅根系须根植物，地上部分生长时间较短，对养分的需求相对比较集中，施肥应遵照初期少施，前、中期重施，后期适当施的原则。除栽种前施足底肥外，川贝母不同时期对氮、磷、钾肥需求量不同，过量施氮肥会导致地上部分生长过度，减少地下部分鳞茎产量，过量磷钾会影响川贝母鳞茎产量[33,34]。因此，栽培过程中应遵循川贝母生长发育特点进行施肥，做到科学平衡施肥。

（1）基肥：一般种植时基肥多以农家有机肥为主，每亩500~1000 kg、50 kg过磷酸钙、100 kg油饼等。川贝母下种前整地时，可将腐熟的厩肥或堆肥，撒施后翻耕入土，增加土壤中营养物质的含量，为川贝母的生长打下坚实基础。

（2）幼苗期施肥：在川贝母种植第一年，川贝母的根系还不够发达，可以对肥料进行稀释，同时施加略薄的肥料进行覆盖。翌年施肥3~4次，齐苗后第1次追肥，以速效氮肥为主，每亩施人畜粪水1000 kg或尿素70 kg；施后7~10天，每亩再施含腐殖酸有机肥20 kg（$N+P_2O_5+K_2O \geqslant 5.0\%$、有机质$\geqslant 45.0\%$、腐殖酸$\geqslant 10.0\%$），或每亩用45%硫酸钾复合肥25 kg撒施，以增加叶面积和延长叶功能期。第2次追肥，在出苗后茎叶完全伸展时追施叶面肥，可选用磷酸二氢钾，每亩每次施用300~700 g，兑水40~60 kg，喷洒浓度为0.8%~1%[35,36]。第3次施肥，于倒苗后，土壤结冻前，施冬肥结合培土1次，主要施有机肥、土杂肥、油饼等迟效肥，每亩施腐熟有机肥1000 kg和氮磷钾复合肥100 kg，再进行培土2 cm。

（3）成长期施肥：川贝母种植第2~3年，随着根茎逐渐发育，植株对肥料需求量逐渐增加。川贝母植株年生长期90~120天，肥料需要期较集中，仅是出苗后追肥不能满足其整个生长期的需要。川贝母出苗前，施加迟效性肥料可满足植株整个生长期营养的需求。此外，因鳞茎发育的需要，成长期注意磷、钾肥的补充，以满足鳞茎发育膨大的营养需求[31,32]。因此，在条件允许情况下，追肥宜早，每年追肥3~4次。第1次追肥，1月初或上旬施冬肥或腊肥，是川贝母几次追肥中最重要、施用量最大的1次，以迟效性农家肥为主，每亩用腐熟的栏肥、焦土灰等农家肥1000~1500 kg，饼肥75~100 kg，加25 kg过磷酸钙，均匀撒施在畦面。第2次追肥，3月中、下旬，每亩撒施10 kg硫酸钾复合肥、10 kg硫酸钾、尿素15 kg；第3次追肥，倒苗后每亩用腐殖土、农家肥加25 kg过磷酸钙混合后覆盖畦面3 cm厚，再用遮阳网或其他覆盖物覆盖畦面，保护越冬。在生长的中后期，可进行叶面追施氮、磷、钾肥[35]。

（4）成熟期施肥：川贝母种植第4~5年，随着川贝母逐渐成熟，其根系会长到比较发达的程度。川贝母栽培过程中，随着鳞茎的发育，土壤中的磷钾比例逐渐降低，如不及时补充土壤中的养分，将影响鳞茎的产量和品质。在"树儿子"期以鳞茎产量为主，可适当增加磷钾比例；在"灯笼花"期，不仅要保持鳞茎的产量，而且要保证种子的产量与质量，可适当的降低氮磷比例，喷施以磷、钾、生长调节剂为主的复合叶面肥，可以提高川贝母的挂果率。追肥一般为4次，追肥宜早。第1次追肥，1月初或上旬施肥，以迟效性肥料为主，每亩用腐熟的农家肥1000~1500 kg，饼肥75~100 kg，均匀撒施在畦面。第2次追肥，春季齐苗时再施浇苗肥，每亩施尿素15~20 kg，保证川贝母植株正常生长的营养需求。第3次追肥，摘花打顶后施1次花肥，每亩施尿素8~10 kg，延迟茎叶枯萎倒苗期，为促进鳞茎膨大提供充足的养分；摘花后再施1次花肥，孕蕾开花期正是鳞茎迅速膨大期，每亩施腐熟的农家肥500 kg。施花肥根据川贝母的生长势而定，种植密度大、生长茂盛的地块，氮肥不宜过多，过多的氮肥可能加重病害的发生。第4次追肥，倒苗后每亩用腐殖土、农家肥加25 kg过磷酸钙混合后，均匀撒施在畦面。在第4年川贝母植株生长的中后期，除了正常施肥外，可进行适当叶面追施氮、磷、钾肥[36]。

3. 中耕除草

土壤及所施基肥中存在多种类型杂草种子，在适宜环境下便长出大量杂草，这些杂草吸收土壤中的营养元素，影响川贝母地上部分和鳞茎的生长发育[37,38]。因此，川贝母播种后，要尽早除去畦面中的杂草。出苗前每隔15~20天拔草1次或见草就拔，保持畦内无杂草和土壤疏松，直到出苗前施冬肥为止。此外，出苗以前，可使用草铵膦等农药兑水喷雾灭杀杂草，注意草铵膦等农药不能用于生长期中的川贝母。川贝母幼苗易受杂草影响，应及时清除杂草，行间杂草郁闭度不超过30%，杂草高度不超过植株高的50%。第二年，川贝母种植齐苗后，幼苗较脆弱，应及时人工除草1次，将松土和施肥结合起来处理，拔草时注意勿将幼苗带出，若带出及时栽回。秋季倒苗后，可使用草铵膦等农药兑水喷雾灭杀杂草1次。中耕除草应结合施肥、松土等进行，在施肥前中耕除草，增强保肥保水能力。

4. 水分管理

川贝母喜湿润、不耐旱、忌积水，冬春季节久旱需及时灌溉，促进种子或鳞茎发芽出苗。川贝母生长期中，依据植株生长情况决定是否浇水，川贝母植株从2—5月对水需求较多，如该时期缺水，植株生长不好将影响鳞茎的生长发育，影响产量和品质，需注意灌溉，保持土壤湿润。灌水只需浸湿畦土就立即放排水，浸泡太久，易造成死苗[1,39]。灌溉水应符合《农田灌溉水质标准》（GB 5084—2021）。夏季久雨或暴雨后应注意排水防涝。秋、冬季可在畦面覆盖树叶，不仅能有效减少水分挥发，而且能保持土壤温度，其分解残体还为植株提供有机肥料。

5. 摘除花蕾

研究证明，摘除花蕾有助于川贝母植株的营养物质由地上部分向鳞茎转移、积累，以利于提高鳞茎的产量和质量[1,40]。不留种的贝母，为使川贝母鳞茎充分吸收养分，花蕾要全部摘除，注意不能摘得过早或过晚，以花长2~3朵时采摘最为合适，选择晴天时人工摘除或用镰刀切割，将花和花蕾连同顶梢一齐摘除，打顶长度一般8~10 cm。将植株上部的花梢打去，防止营养生长向生殖生长转化，促使分枝茂盛，提高光合作用，促进有机养分向鳞茎输送，进而提高产量和品质。摘下的花蕾，阴干后可供药用。留种、采收种子的地块，可进行适当疏蕾，每株留1~2朵花即可，以提高种子质量。每隔10天，使用0.2%磷酸二氢钾喷施2~3次，有助于为植株提供足够的营养。

6. 休眠期管理

川贝母地上部分枯萎后，将茎叶清出畦面外，妥善处理；用粉锈宁500倍液或甲基托布津等进行垄沟消毒，减少各类病原菌的寄生与扩散。此外，每亩地用腐熟的农家肥1000~1500 kg、饼肥75~100 kg、25 kg过磷酸钙混合，均匀撒施在畦面；同时，冬季气候寒冷，为保证地下鳞茎安全越冬，使用稻草或树叶覆盖厚度2 cm左右，覆盖时间为每年冻土前。春季幼苗出土之前，要搂出残留稻草或树叶，整平秋季盖在畦面上的农家肥，使畦面保持干净。

（五）川贝母的病虫草鼠害防治

由于高海拔、高寒的特殊生长环境，川贝母基原植物的病虫害相对较少，主要有菌核病、根腐病、灰霉病、锈病、白腐病、立枯病等病害发生，虫害主要为金针虫、蛴螬、地老虎等，为害植株嫩叶、茎基部和鳞茎。病虫害是影响川贝母生长、产量及质量的主要因素[1,40-43]。对于川贝母病虫害的防治，遵循"预防为主、综合防治"的措施，优化田间措施，采用物理防治、化学防治、生物防治等方法，做到病虫害发生前预防为主，初期以物理防治和田间管理为主，普遍发生及严重时，使用规范的化学或生物药剂防治[40]，符合《农药合理使用准则》（GB/T 8321.9—2009）规定，选择高效、低毒、低残留农药。

1. 病害防治

（1）锈病

锈病病原菌为担子菌亚门真菌，为川贝母地上部病害，多发生于5—7月，发病初期在叶背和茎下部出现黄色病斑，后期散发出橙黄色孢子，被害部位组织穿孔，使茎叶枯黄。一般发病率达40%~70%，严重时可造成全部植株枯萎、落叶，病菌以冬孢子在病株残体上或土壤中越冬[40,43]。

防治方法：合理选地、合理密植、清理田园；整地时清除病残组织，减少越冬病源；增施磷钾肥，增加植株生长势；控制灌水，降低田间湿度；发病初期喷石硫合剂或波尔多液等，生长过程中喷甲基托布津800~1000倍液或粉锈宁1000倍液，7~10天喷1次，连喷3~4次。

（2）立枯病

立枯病主要危害幼苗，表现为近地面叶或茎基部萎蔫而猝倒死亡。夏季，川贝母栽培大棚内易出现高温高湿的情况，通风排水不及时，易发生此病害[40,43]。

防治方法：注意排水，调节雨棚密闭度，发病前后用0.5%波尔多液等药剂进行防治，一旦发现病株尽早拔除，抑制病害扩散。因立枯病的病菌来源于土壤，牛羊粪等基肥一定要腐熟完全后施肥，前作栽培易感病蔬菜的土壤可用生石灰等进行消毒处理。

（3）根腐病

根腐病是由镰刀菌、腐烂菌、丝孢菌等真菌引起的土传病害之一。发生在5—7月初夏多雨季节，发病植物地下磷茎发生不同程度腐烂，植株叶因水分和营养供给不足而发黄、枯萎。低温高温、低洼积水且表面温度较高地方易发病[40,43]。

防治方法：加强田间管理，注意排水，减少土壤湿度，调节荫蔽度，发现病株及时清除；发病前用5%石灰水灌溉预防，发病后用50%多菌灵500倍液浇灌病区。

（4）白腐病

白腐病使鳞茎局部呈乳酪样腐烂，局部可见菌丝呈灰白或黑色[40,43]。

防治方法：栽培前鳞茎晾置并用多菌灵溶液浸种20 min，翻栽时选用无伤鳞茎，晾置时注意铺层厚度，防止鳞茎损伤及堆沤，防止局部发热。注意排水，降低土壤湿度。一旦发现病株应立即拔除，并用5%石灰水或50%多菌灵500倍液浇灌病区，防止扩散。

（5）灰霉病

灰霉病由灰葡萄孢菌侵染所致，属真菌病害，以危害叶、花、茎为主，以叶片受害最重，引起茎叶早枯，严重者可减产50%以上。5月中、下旬连续阴雨、雨后天晴、高温多湿时易发生。发病初期叶片出暗绿色小点，病斑扩展后中央黄褐色，四周暗绿色，病斑四周产生黄色晕圈，继而扩大到全叶或整个植株，甚至枯萎死亡。后期在病株残体上产生灰色霉状物，为病菌孢子[40,43]。

防治方法：（1）控制田间环境，出现阴雨天及时清沟理墒，降低田间湿度；（2）清洁田园，及时除草、摘除病老叶，特别是摘花期间所摘下的花不可丢弃于田间；（3）药剂防治，发病前可用1∶100倍波尔多液喷雾预防，发病时用50%甲基托布津喷雾防治，隔10天一次，连续2~3次。

（6）黑斑病

黑斑病主要危害叶片，发病后叶片变淡，呈水渍状褐色病斑，渐向叶基蔓延。一般3月下旬开始发病，湿度过高或雨水多时更严重，产生黑色霉状物[40,43]。

防治方法：（1）加强田间管理，合理施肥，增强植株的抗病能力；（2）收获后，清除被害植株和病叶，最好将其烧毁，减少越冬病源。（3）发病前或初期选用百菌清、多菌灵等抗菌剂兑水喷药防治，每隔7天防治1次，连续用药2~3次；发病时用1000倍甲基托布津或1∶100倍波尔多液，每隔15天喷1次，连续喷2~3次。

（7）菌核病

菌核病主要危害鳞茎和茎基部，可造成贝母减产甚至绝收。鳞茎感病后产生黑斑，病部组织呈黑灰色，鳞茎表皮下面、鳞瓣缝隙内形成大量小米粒大的黑色菌核，严重时整个鳞茎变黑，外部皱缩干腐。4—9月均可发病，早春和晚秋为发病盛期，土壤低温、多湿时易发病，带病鳞茎和病土为主要传播途径[40,43]。

防治方法：（1）合理选地，选择排水良好的田块做高畦种植，农家肥应充分腐熟，注意种栽均消毒；（2）合理密植，加强田间管理，及时拔除病株并用5%石灰对病穴消毒；（3）严重时，使用菌核800~1000倍液或50%多菌灵1000倍液或50%甲基托布津800~1000倍液等灌根防治。

2. 虫害防治

川贝母主要虫害有金针虫、蛴螬、地老虎、蛞蝓等，为害植株、咬食嫩叶、茎基部和鳞茎[40-42]。优先采用物理防治、生物防治、农业防治等对环境植物危害作用较小的防治方法，农业防治主要采用清理园地、土壤耕作、覆盖、轮作等防治模式；物理防治以灯光诱杀等方式为主；生物防治主要使用防菌剂等进行防治。

（1）金针虫

金针虫是鞘翅目（Coleoptera）叩甲科（Elateridae）昆虫幼虫的总称，为害川贝母的幼苗及鳞茎，是地下害虫的重要类群之一[40-42]。

防治方法：（1）物理防治，人工捕杀、合理施肥、翻土晾晒，利用趋光性进行灯光诱杀，利用堆草诱杀。（2）生物防治，利用油桐叶、蓖麻叶、烟叶等熬水提取物防治，以乌药、苦皮藤、臭椿等茎根磨粉后防治；利用白僵菌和绿僵菌等寄生金针虫真菌防治；利用性信息素诱导金针虫集中扑杀。（3）化学防治，主要通过土壤处理、药剂拌种、根部灌药、撒施毒土、地面施药、植株喷粉、涂抹茎干等方式来防治；主要常用药剂包括辛硫磷、敌百虫、呋喃啉、氟氯菊酯等；施药期根据金针虫的发生时期，选择合适的关键时期进行防治。

（2）蛴螬

蛴螬是金龟子或金龟甲的幼虫，又名"白蚕"，喜食刚播种的种子、根、块茎、幼苗，主要为害川贝母的鳞茎。4月中旬开始危害鳞茎，7月中旬以后停止危害，被害鳞茎成麻点状或凹凸不平的空洞状，形似鼠啃过，有时将鳞茎咬成残缺破碎状。此外，蛴螬造成的伤口还可能诱发病害[40-42]。

防治方法：（1）采用精耕细作、清除杂草、集中销毁、镇压土壤等；不施未腐熟的有机肥料，以防招引成虫来产卵；（2）物理防治，人工捕杀或设置黑光灯诱杀成虫，减少蛴螬的发生数量；（3）生物防治，利用布氏白僵菌、茶色食虫虻、金龟子黑土蜂等防治；（4）化学防治，主要使用50%辛硫磷乳油、20%异柳磷、3%呋喃丹颗粒剂等药剂防治。防治方式包括药剂处理土壤、药剂拌种、毒饵诱杀等。药剂处理土壤，一般使用50%辛硫磷乳油每亩200~250 g，加10倍水喷于25~30 kg土制成毒土，撒于地面，耕翻或混入厩肥中施用。药剂拌种，通常用20%异柳磷与水、种子按1∶30∶400~500的比例拌种，还可防治其他地下害虫。毒饵诱杀，通常每亩使用辛硫磷150~200 g拌饵5 kg，或用50%辛硫磷50~100 g拌饵3~4 kg，撒于畦面诱杀害虫。

（3）地老虎

地老虎属鳞翅目夜蛾科，又名土蚕、切根虫等，是危害各类作物苗期重要的地下害虫。地老虎危害川贝母不同阶段幼苗子叶、嫩叶、地上茎，严重可使植株枯死，造成缺窝，直接影响生产[40-42]。

防治方法：地老虎防治以预防为主，采用物理防治、化学防治和生物防治相结合的综合防治措施。（1）田间和人工防治，通过翻耕晒田、清除杂草、苗期灌水等措施杀死幼虫和蛹，减少成虫产卵寄主，进而减少虫源；在稻草或麦秆下加竹竿引诱成虫产卵，进行集中灭卵；通过采用新被害植株周围土内捕捉杀死或畦沟堆草进行人工诱集捕捉幼虫防治。（2）物理防治，根据地老虎成虫盛发期具有趋光和趋化性的特点，利用黑光灯或糖醋液（糖∶醋∶白酒∶90%敌百虫∶水为6∶3∶1∶1∶10）进行集中诱杀；此外，虫害高发期，可在大棚内每隔15天采用γ射线源放射3~5h，进行虫害灭除。（3）生物防治，通过利用苏云金杆菌、白僵菌、金龟子绿僵菌等防治。（4）化学药剂防治，在地老虎2龄始盛期至高峰期尚未入土为害期，进行药剂防治，用药效果最好。化学农药主要使用50%辛硫磷、90%敌百虫等药剂防治。防治方式包括药剂处理土壤、药剂拌种、毒饵诱杀、药剂灌根等。撒施毒土，每亩用0.3 kg 50%辛硫磷乳油拌土50 kg，撒施药土进行防治；毒饵诱杀幼虫，将青草或菜叶切碎，用0.1 kg 50%辛硫磷兑水2.0~2.5 kg或敌百虫粉1 kg喷洒在100 kg草上，拌匀后分成小堆放置田间，诱集地老虎幼虫取食进行毒杀。药剂灌根，0.2~0.3 kg 50%辛硫磷兑水500~600 kg灌根防治。

（4）蛞蝓

蛞蝓（*Agriolimax agrestis* Linnaeus）为腹足纲柄眼目蛞蝓科的软体动物，俗称鼻涕虫。蛞蝓食性较杂，其成体和幼体主要危害川贝母的叶片、嫩茎和芽，影响苗期的生长发育[40-42]。

防治方法：蛞蝓防治以预防为主，采用物理防治和化学防治相结合的综合防治措施。（1）田间和人工防治，秋冬季深翻土壤、清理田间杂草残叶等，清除蛞蝓栖息地和产卵的场所；蛞蝓发生为害期，在被害植株附近潮湿的地方，经常检查和人工捕杀。（2）物理防治，堆放菜叶或鲜嫩杂草诱集，进行集中诱杀；地面撒石灰、草木灰的方法控制其为害。（3）化学药剂防治，傍晚用3%石灰水或70~100倍氨水喷洒，或1%的食盐水，或90%敌百虫配成1000倍液，或30%甲萘·四聚母粉配成800~1000倍液喷施，可有效杀死未入土的蛞蝓。

病虫害经济措施如表5-1所示。

表5-1　川贝母病虫害类型及防治方案

病虫害类型	危害部位	防治时期	防治措施与方法	安全间隔期
锈病	茎叶	发生初期	甲基托布津800~1000或粉锈宁1000倍液喷施	≥20d
菌核病	鳞茎	栽种前	50%多菌灵500倍液浸种或喷施	—
菌核病	鳞茎	发生时	50%多菌灵800倍液灌根或喷施	≥15d
立枯病	茎基部	发生初期	0.5%波尔多液或50%多菌灵500倍液喷施	≥5d
根腐病	根部	发生时	5%石灰水或50%多菌灵500倍液灌根	≥15d
白腐病	鳞茎	发生时	50%多菌灵800倍液或5%石灰水灌根	≥15d
灰霉病	叶片	发生时	50%多菌灵1000倍液防治	≥15d
金针虫	茎、鳞茎	生长期	辛硫磷、敌百虫、氟氯菊酯等喷施或拌土撒施	≥15d
地老虎	茎、叶	生长期	50%辛硫磷乳油拌土撒施；50%辛硫磷灌根	≥28 d；≥15 d
蛴螬	鳞茎	生长期	90%敌百虫1000~1500倍或50%辛硫磷500倍灌根	≥28 d；≥15 d
蛞蝓	嫩叶	生长期	3%石灰水或70~100倍氨水或1%盐水喷洒	≥7d
鼠害	鳞茎	生长期	防鼠大沟；香毒饵诱杀；捕杀工具	—

3. 草害防治

为减少草害，应在前期的土壤整理中减少草籽的引入，对原土进行深翻和晾晒，选用含草籽较少的有机肥，同时后期水源的控制也可减少杂草的引入。此外，除草是川贝母栽培中最费工的关键环节[37-38]。在川贝母生长的幼苗期（第1~2年），以人工除草方式为主，在7月倒苗后，可施草铵膦等除草剂除去杂草。药剂施用时要选择晴天的午后，高原早晚的地温低会导致药效差。目前，因多数川贝母种植基地使用大棚栽培，产生的杂草有限，可通过人工手动拔除。

4. 鼠害防治

鼠害主要有鼢鼠（瞎耗子）和鼹鼠（串地龙）等，为害鳞茎，可人工捕捉或药物诱杀。高原鼢鼠有咬食川贝母鳞茎的习惯，目前最有效的防治方法是在栽种前结合土壤整理，在土下50 cm铺设一层铁丝网，避免化学药剂对高原脆弱生态环境的破坏[1,40]。另外，后期可配合其他物理防治方法，如向鼠洞灌水，此方法简便有效，可维持几个月。老鼠有时也会危害贝母，可用敌鼠钠等浸入谷物诱杀，也可人工捕杀。此外，鼹鼠本身不吃贝母，但它取食蚯蚓、金针虫、蛴螬，所以为寻找食物乱拱，而损害贝母鳞茎[40-42]。

防治方法：（1）种植区域内及时清理树根、草根、杂草等杂物，减少趣味性昆虫繁殖，降低土壤中昆虫含量，以减轻危害程度。（2）用鼠夹放上花生、瓜子等坚果类做诱饵，捕杀鼹鼠，也可用鼠药拌小鱼毒杀，毒杀后，及时拣出诱饵，以免污染土壤。可采用地箭、鼠夹等人工捕捉。

（六）川贝母的采收与加工

1. 采收

采收是川贝母生产中的重要环节之一，直接影响川贝母的产量与质量，适时采收是川贝母的产量以及品质重要的保障[44-46]。刘辉等测定不同采收期川贝母总生物碱含量，确定8月上旬果实成熟期为川贝母的最佳采收期。综合川贝母药材总生物碱含量与药材生物量两个指标，一般种植4年或者5年采收，最佳采收期为果实成熟期或植株枯萎期，兼顾产品的形态、产量和质量[44]。川贝母植株枯萎后，选晴天进行采收，将畦面清理干净，从畦一端开始用平板锹翻到作业道上，机器与人工采挖相结合，起土后将土放入机器过筛，将土和鳞茎彻底分离。筛出的鳞茎，除留种移栽外，其余加工成商品。采挖时，注意避免碰伤鳞茎，影响川贝母鳞茎的质量。

2. 产地初加工

川贝母产地初加工是生产中的关键环节之一。根据川贝母生产实际，日晒干燥法、烘干法等是川贝母产地初加工的常用方法[45,47-48]。日晒干燥法是将采收的鳞茎运回晾晒场，选用清水将鳞茎附着的土冲洗干净，水的质量必须符合《地表水环境质量标准》（GB3838—2002），同时除去鳞茎表皮和残根等，然后在竹篱或竹席上连续摊铺一薄层晾晒，直至鳞茎发白上粉后再翻动，即晒至全干。在晾晒过程中，注意天气变化，若遇雨天，需将未干透的贝母放入室内摊开，或堆埋于含水较少的沙土中，温度保持在20~25℃。温度过高或过低，则可能产生"黄子"或"油子"，天晴后继续晾晒至全干。具有一定规模的川贝母生产基地，产量较大，需建造大型晾晒场和烘干室，使用烘干法[45]。热风干燥法是将采挖的川贝母鳞茎放入水池中，用清水冲洗干净，除去须根和杂质，沥干；将沥干的鳞茎放入烘箱中50~55℃烘干即可。烘干过程中避免使用手或铁器等触碰，禁止使用硫熏。当鳞茎外皮未呈粉白色时，不宜翻动，以防发黄，按《药典》要求，干燥到内外粉白色，含水量小于15%即可[45,49]。李巧等对比分析不同干燥方法对川贝母药材外观及品质的影响，发现传统晒干外观性状较优、表面颜色偏白、断面粉性足、有效成分含量较高，但干燥耗时长；50~55℃热风干燥速率增加、耗时大幅度缩短，且浸出物、总生物碱含量均有所升高；冷冻干燥下，川贝母药材的总生物碱、淀粉含量最高[48]。这些结果表明，热风干燥和冷冻干燥法有效成分含量高，可再川贝母的产地加工中推广应用，而冷冻干燥药材可用于药效成分提取。

3. 包装与储运

（1）包装

包装前对采收、产地初加工的川贝母鳞茎按照国家标准进行质量检验[49]。符合国家标准的中药材，包装应选用符合国家标准《中药材袋运输包装件》（GB6264—1986），且不影响药材质量的编织袋，禁止使用包装过肥料、农药等的包装袋包装。包装时，应建立包装记录，内容包括药材品名、基原、规格、产地、生产单位、重量、批号、采收日期、单位名称等。

（2）储藏与运输

储藏仓库要保持清洁、通风、干燥和避光，控制温度在20℃以下，相对湿度在75%以下，并有消毒设施。仓库地面要整洁、无缝隙、易清洁。存放的药材，与地面和墙壁保持20 cm以上的空间距离，防止虫蛀、霉变、腐烂、泛油、禽兽危害等发生[43]。储藏过程中不同批次、不同等级药材应分区存放，并建立定期检查制度规范，发现问题及时采取措施处理。禁止磷化铝、硫黄熏蒸，条件允许可采用现代气调储藏方法储藏。运输过程中避免发生异物混入、批次混淆、等级混淆、污染、包装破损、雨雪淋湿等情况发生。

参考文献

[1] 熊浩荣，马朝旭，国慧，等．川贝母野生基原植物资源分布和保育研究进展[J]．中草药，2020，57（9）：2573-2579．

[2] 蒋舜媛，孙洪兵，秦纪洪，等．基于生长适宜性和品质适宜性的川贝母功能型生产区划研究[J]．中国中药杂志，2016，47（77）：3794-3207．

[3] 谢俊杰，谭鹏，郝露，等．基于广义中药学探讨川贝母产业发展现状、策略与方法[J]．中草药，2022，53（7）：2750-2763．

[4] 张志勇，杨洁，齐泽民．川贝母的研究进展[J]．江苏农业科学，2017，45（24）：9-73．

[5] 张少发，魏建和，陈士林，等．川贝母开花动态及授粉习性研究[J]．中国中药杂志，2010，35（1）：27-29．

[6] 陈士林，贾敏如，王瑀，等．川贝母野生抚育之群落生态研究[J]．中国中药杂志，2003，28（5）：398-402．

[7] 赵文龙，陈红刚，林丽，等．不同基原的中药川贝母生境适宜性分布[J]．生态学杂志，2018，37（4）：1037-1042．

[8] 陈文年，蔡平原．海拔高度对暗紫贝母叶特征的影响[J]．广西植物，2021，41（9）：1450-1456．

[9] 毛艳苹，赵高琼，苏玉萍，等．川产贝母新资源瓦布贝母研究进展[J]．中药与临床，2014，5（3）：53-55．

[10] 王娟娟，曹博，白成科，等．基于Maxent和ArcGIS预测川贝母潜在分布及适宜性评价[J]．植物研究，2014，34（5）：642-649．

[11] 马靖，伍燕华，付绍兵，等．遮阴对栽培川贝母生长和产量的影响[J]．安徽农业科学，2014，18：5755-5757，5780．

[12] 郭海霞，徐波，石福孙，等．遮光和施氮对暗紫贝母形态特征和生物量分配的影响[J]．植物资源与环境学报，2016，25（3）：118-120．

[13] 丛晓峰，陈昊，李为民，等．野生太白贝母生境调查与根际土壤分析[J]．农学学报，2022，12（3）：55-58．

[14] 谷文超，母茂君，杨敏，等. 太白贝母鳞茎品质与根际土壤因子的相关性分析[J]. 中国实验方剂学杂志，2020，26（7）：165-177.
[15] 李西文，陈士林. 药用植物野生抚育生理生态学研究概论[J]. 中国中药杂志，2007，32（14）：1388-1392.
[16] 康传志，吕朝耕，黄璐琦，等. 基于区域分布的常见中药材生态种植模式[J]. 中国中药杂志，2020，45（9）：1982-1989.
[17] 宋奕辰，车朋，赵鑫磊，等. 青藏高原及其毗邻地区川贝母类药材的资源调查[J]. 中国现代中药，2021，23（4）：611-618，626.
[18] 于婧，魏建和，陈士林，等. 川贝母种子休眠及萌发特性的研究[J]. 中草药，2008，39（7）：1081-1084.
[19] 伍燕华，付绍兵，黄开荣，等. 川贝母种子质量分级标准研究[J]. 种子，2012，31（12）：104-108.
[20] 刘翔，代勇，向丽，等. 川贝母种子在高原产区的繁殖研究[J]. 世界科学技术-中医药现代化，2013，9：1911-1915.
[21] 杨杨，姜虹，傅华龙，等. 野生和组培川贝母总生物碱含量的测定和定位研究[J]. 四川大学学报（自然科学版），2008，45（1）：209-213.
[22] 王跃华，张阔军，张丽君，等. 川贝母叶高效诱导愈伤组织体系的研究[J]. 安徽农业科学，2011，39（3）：1374-1375.
[23] 张波，李军立，李玉锋，等. 暗紫贝母愈伤组织和不定芽诱导研究[J]. 生命科学仪器，2011，9（3）：48-50.
[24] 杨涛，王沛雅，张军，等. 濒危药材甘肃贝母试管小鳞茎再生的研究[J]. 中药材，2016，39（5）：971-974.
[25] 张国珍，代庭伟，王菲，等. 川贝母愈伤组织诱导及生物碱积累的研究[J]. 植物学研究，2020，1：59-64.
[26] 滕俞希，王晶金，陈逸菲，等. 瓦布贝母组织培养及生物碱的测定[J]. 四川大学学报（自然科学版），2022，59（1）：175-179.
[27] 罗敏，邓才富，李品明，等. 药用植物太白贝母研究进展[J]. 中国野生植物资源，2021，40（2）：42-45，56.
[28] 马晓匡. 川贝母降低海拔栽培研究[J]. 中国中药杂志，1996，1：17-20.
[29] 李庆，李林宏，周丹，等. 川贝母种子的质量评价[J]. 华西药学杂志，2021，36

(6): 655-658.

[30] 胡章薇, 熊芹, 肖小君. 中草药川贝母繁育技术研究进展[J]. 安徽农学通报, 2017, 23(11): 133-135, 165.

[31] 张礼, 伍燕华, 付绍兵, 等. 栽培密度和施肥对川贝母生长和产量的影响[J]. 江苏农业科学, 2017, 45(3): 779-727.

[32] 李林宏, 叶本贵, 龚盼竹, 等. 不同施肥方式对川贝母产量及质量的影响[J]. 华西药学杂志, 2019, 34(3): 266-269.

[33] 陈雨, 杨正明, 石峰, 等. 微肥配施对瓦布贝母产量和总生物碱含量的影响[J]. 核农学报, 2018, 32(11): 2258-2266.

[34] 邓秋林, 杨正明, 陈雨, 等. 氮磷钾配施对瓦布贝母产量及总生物碱质量分数的影响[J]. 西北农业学报, 2019, 28(7): 1138-1146.

[35] 李燕婷, 李秀英, 肖艳, 等. 叶面肥的营养机理及应用研究进展[J]. 中国农业科学, 2009, 42(1): 162-172.

[36] 伍燕华, 付绍兵, 黄开荣, 等. 叶面肥对川贝母的保花保果效应[J]. 江苏农业科学, 2013, 41(8): 236-238.

[37] 池秀莲, 孙楷, 王铁霖, 等. 中药生态农业中杂草对作物的影响及其生态防控[J]. 中国中药杂志, 2021, 46(8): 1876-1882.

[38] 林茂祥, 章文伟, 韩凤, 等. 太白贝母田间杂草种类调查、危害及防治对策[J]. 中国野生植物资源, 2022, 41(7): 60-65.

[39] 廖敏, 粟超. 大棚种植川贝母分区变量灌溉系统研制[J]. 农业工程学报, 2017, 37(76): 708-776.

[40] 丁丹丹, 余强, 王晓蓉, 等. 川贝母无公害仿生态栽培体系[J]. 世界科学技术-中医药现代化, 2019, 21(4): 775-783.

[41] 胡鹃. 川贝母（松贝）现代设施农业种植技术研究[J]. 四川农业科技, 2017, 72: 36-38.

[42] 彭芳, 贺正, 祁妹俄波, 等. 暗紫贝母栽培关键技术研究[J]. 安徽农业科学, 2021, 49(4): 166-168, 179.

[43] 宁荣彬, 孙海峰. 贝母类中药材病害防治研究进展[J]. 东北农业科学, 2018, 43(5): 34-37.

[44] 刘辉, 黄林芳, 陈士林, 等. 川贝母采收期的初步研究[J]. 中药材, 2009, 32

（3）：331-332．

[45] 李巧，王梅，万子玉，等．贝母类药材采收和产地加工的历史沿革及研究进展[J]．中国实验方剂学杂志，2022，28（13）：269-276．

[46] Konchar K, Li X, Yang Y, et al. Phytochemical variation in *Fritillaria cirrhosa* D. Don（Chuan Bei Mu）in relation to plant reproductive stage and timing of harvest[J]. Econ Bot, 2011, 65: 283.

[47] Ma B, Ma J, Li B, et al. Effects of different harvesting times and processing methods on the quality of cultivated *Fritillaria cirrhosa* D. Don [J]. Food Sci Nutr. 2021, 9（6）: 2853-2861.

[48] 李巧，种叶敏，陈颖馨，等．不同干燥方法对栽培川贝母外观性状及内在质量的影响[J]．天然产物研究与开发，2022，34（6）：916-924．

[49] 李瑞琦，徐靓，吴翠，等．川贝母采后加工贮藏包装环节的调查[J]．中国实验方剂学杂志，2018，24（23）：64-68．

第六章
川贝母基原植物叶绿体基因组学分析

完整基因组序列的研究有助于加深对系统进化的了解，是发掘基因功能最高效、可靠的方法。目前，由于完整的基因组序列数据庞大，尽管加大技术和科研人员投入，仍很难获得完整基因组，核基因组组装更是一难题。线粒体和叶绿体的基因组相对较小，可利用高通量测序技术对线粒体和叶绿体进行测序和组装，获得基因组序列信息，分析和研究基因组学成为近年来的热潮。叶绿体全基因组被广泛用于物种鉴定和揭示系统进化关系，其中的 *rbcL*、*psbA-trnH*、*ndhJ* 和 *matK* 基因序列常用于植物物种鉴定，但对于像贝母属这样多基原且亲缘关系近的植物，常用DNA条形码鉴定效果不佳，而叶绿体全基因组的变异位点更多，鉴定的效率更高。

本章利用Illumina NovaSeq测序平台对暗紫贝母、甘肃贝母、梭砂贝母和中华贝母的叶绿体基因组进行测序，完成其组装注释与结构特征解析，结合NCBI上发表的贝母属植物叶绿体全基因组，挖掘川贝母特异性分子标记位点信息和遗传系统进化关系，为后续川贝母专属性分子标记的筛选奠定理论基础，同时也充实川贝母的遗传数据库，为川贝母叶绿体基因组研究打下坚实的基础。

一、实验材料与试剂

1. 植物材料

叶绿体基因组从暗紫贝母、梭砂贝母、甘肃贝母和中华贝母的叶片中提取，植物材料均采自青海省西宁市互助县青海绿康生物开发有限公司贝母种植基地。所有基原植物及药材由西南交通大学生命科学与工程学院周嘉裕副教授鉴定，并保存于生命科学与工程学院-80℃低温冰箱。

2. 实验试剂

植物DNA提取试剂盒（DP305）、DNA纯化回收试剂盒购自北京天根生化科技有限公司。

二、实验方法

1. 基因组提取及测序

取 –80℃保存的叶片样品0.5 g左右置于研钵中，加入适量液氮研磨，采用试剂盒提取叶绿体基因组DNA。

合格的基因组DNA，经超声破碎、片段纯化和末端修复等得到PCR扩增测序文库并质检，Illumina NovaSeq平台测序，读长为PE150。

2. 基因组组装

序列组装委托南京集思慧远公司完成，统计整理组装数据，使用参考序列NC_024728.1（NCBI序列号）进行组装完成后的数据质控。

3. 基因组分析

（1）叶绿体基因结构注释

使用blast v2.2.25（https://blast.ncbi.nlm.nih.gov/Blast.cgi）软件比对NCBI上的叶绿体基因组cds序列，再经过手工校正后得到最终的叶绿体基因组基因注释结果；使用hmmer v3.1b2（http://www.hmmer.org/）软件比对NCBI上叶绿体基因组rRNA序列，得到rRNA注释信息；使用aragorn v1.2.38（http://130.235.244.92/ARAGORN/）软件对叶绿体基因组序列进行tRNA的预测，得到的叶绿体基因组的tRNA注释信息；使用OGDRAW软件，制作基因组图谱。

（2）IRscope分析

叶绿体基因组是个环形结构，IR（IRa和IRb）、LSC和SSC间存在4个边界，使用IRscope在线软件（https://irscope.shinyapps.io/irapp/?tdsourcetag=s_pctim_aiomsg）绘制四个区域的节点图谱。

(3) 简单散在重复序列分析

使用vmatch v2.3.0 (http://www.vmatch.de/) 软件对散在重复序列鉴定，Excel 2010软件制作统计结果的柱状图。

(4) 核酸多样性分析及高度变异区的筛选

使用mafft软件对不同物种的相同基因cds序列进行全局比对，使用vcftools计算每个基因的pi值。同时也使用mafft软件比对12种贝母叶绿体全基因组（川贝母、梭砂贝母、湖北贝母、伊犁贝母、甘肃贝母、中华贝母、太白贝母、浙贝母、暗紫贝母、平贝母、瓦布贝母和新疆贝母）序列，使用DanSP 6.0软件进行滑窗分析。

(5) 系统进化树的构建

从NCBI (https://www.ncbi.nlm.nih.gov/) 下载61种百合属、贝母属及其近、远缘物种的叶绿体全基因组序列（表6-1）。MEGAX软件（重复次数为1000）构建系统进化树。

表6-1 NCBI下载物种叶绿体基因组信息

编号	中文名	物种拉丁名	NCBI序列号
1	安徽老鸦瓣	*Amana anhuiensis*	NC_034706.1
2	老鸦瓣	*Amana edulis*	NC_034707.1
3	宽叶老鸦瓣	*Amana erythronioides*	NC_034634.1
4	括苍山老鸦瓣	*Amana kuocangshanica*	NC_034708.1
5	皖浙老鸦瓣	*Amana wanzhensis*	NC_034705.1
6	荞麦叶大百合	*Cardiocrinum cathayanum*	NC_033897.1
7	心百合	*Cardiocrinum cordatum*	NC_033898.1
8	大百合	*Cardiocrinum giganteum*	NC_033896.1
9	安徽贝母	*Fritillaria anhuiensis*	MH593363.1
10	川贝母	*Fritillaria cirrhosa*	NC_024728.1
11	粗茎贝母	*Fritillaria crassicaulis*	NC_045860.1
12	大金贝母	*Fritillaria dajinensis*	NC_044632.1
13	米贝母	*Fritillaria davidii*	NC_045895.1
14	梭砂贝母	*Fritillaria delavayi*	MN480806.1
15	爱德华贝母	*Fritillaria eduardii*	NC_037038.1
16	湖北贝母	*Fritillaria hupehensis*	NC_024736.1

续 表

编号	中文名	物种拉丁名	NCBI序列号
17	砂贝母	*Fritillaria karelinii*	KX354691.1
18	轮叶贝母	*Fritillaria maximowiczii*	NC_045894.1
19	额敏贝母	*Fritillaria meleagroides*	NC_037040.1
20	天目贝母	*Fritillaria monantha*	NC_046472.1
21	伊犁贝母	*Fritillaria pallidiflora*	NC_037216.1
22	波斯贝母	*Fritillaria persica*	NC_037039.1
23	甘肃贝母	*Fritillaria przewalskii*	NC_044636.1
24	四川贝母	*Fritillaria sichuanica*	NC_044628.1
25	中华贝母	*Fritillaria sinica*	NC_044631.1
26	太白贝母	*Fritillaria taipaiensis*	NC_023247.1
27	浙贝母	*Fritillaria thunbergii*	NC_034368.1
28	托里贝母	*Fritillaria tortifolia*	NC_037214.1
29	暗紫贝母	*Fritillaria unibracteata*	NC_044629.1
30	平贝母	*Fritillaria ussuriensis*	NC_034369.1
31	黄花贝母	*Fritillaria verticillata*	NC_037217.1
32	瓦布贝母	*Fritillaria wabuensis*	KF769142.1
33	新疆贝母	*Fritillaria walujewii*	NC_037215.1
34	裕民贝母	*Fritillaria yuminensis*	NC_037209.1
35	榆中贝母	*Fritillaria yuzhongensis*	NC_044630.1
36	秀丽百合	*Lilium amabile*	NC_035988.1
37	滇百合	*Lilium bakerianum*	NC_035592.1
38	野百合	*Lilium brownii*	NC_035588.1
39	橙花百合	*Lilium bulbiferum*	NC_037517.1
40	垂花百合	*Lilium cernuum*	NC_034840.1
41	川百合	*Lilium davidii*	MK954110.1
42	宝兴百合	*Lilium duchartrei*	NC_035591.1
43	绿花百合	*Lilium fargesii*	NC_033908.1
44	台湾百合	*Lilium formosanum*	NC_042398.1

续　表

编号	中文名	物种拉丁名	NCBI序列号
45	竹叶百合	*Lilium hansonii*	NC_027674.1
46	卷丹	*Lilium lancifolium*	NC_035589.1
47	马塘百合	*Lilium matangense*	MN745201.1
48	多斑豹子花	*Lilium meleagrinum*	NC_052788.1
49	小百合	*Lilium nanum*	MK493300.1
50	紫斑百合	*Lilium nepalense*	NC_052789.1
51	豹子花	*Lilium pardanthinum*	NC_038193.1
52	毛百合	*Lilium pensylvanicum*	NC_043876.1
53	报春百合	*Lilium primulinum*	KY748298.1
54	山丹	*Lilium pumilum*	NC_050269.1
55	岷江百合	*Lilium regale*	NC_052790.1
56	通江百合	*Lilium sargentiae*	NC_052791.1
57	紫花百合	*Lilium souliei*	NC_054182.1
58	淡黄花百合	*Lilium sulphureum*	NC_052792.1
59	超级百合	*Lilium superbum*	NC_026787.1
60	华盛顿百合	*Lilium washingtonianum*	NC_037699.1
61	乡城百合	*Lilium xanthellum*	MN745202.1

三、结果与分析

1. 叶绿体基因组注释结果

暗紫贝母、梭砂贝母、甘肃贝母和中华贝母的叶绿体基因组均为典型的环状四分体结构，包含2个反向重复区（Inverted Repeat，IRa和IRb）（26,078-26,355 bp），一个大单拷贝区（Large Single Copy，LSC）（81383~81804 bp）和一个小单拷贝区（Small Single Copy，SSC）（17537~17569 bp）（图6-1，表6-2）。LSC区域大小差异范围在278~421 bp，SSC区域大小差异范围在2~32 bp，IR区域大小差异范围在272~277 bp。IR区域的收展是叶绿体基因组研究的重要方面，是存在大小不同的基因组的主要原因[1]。

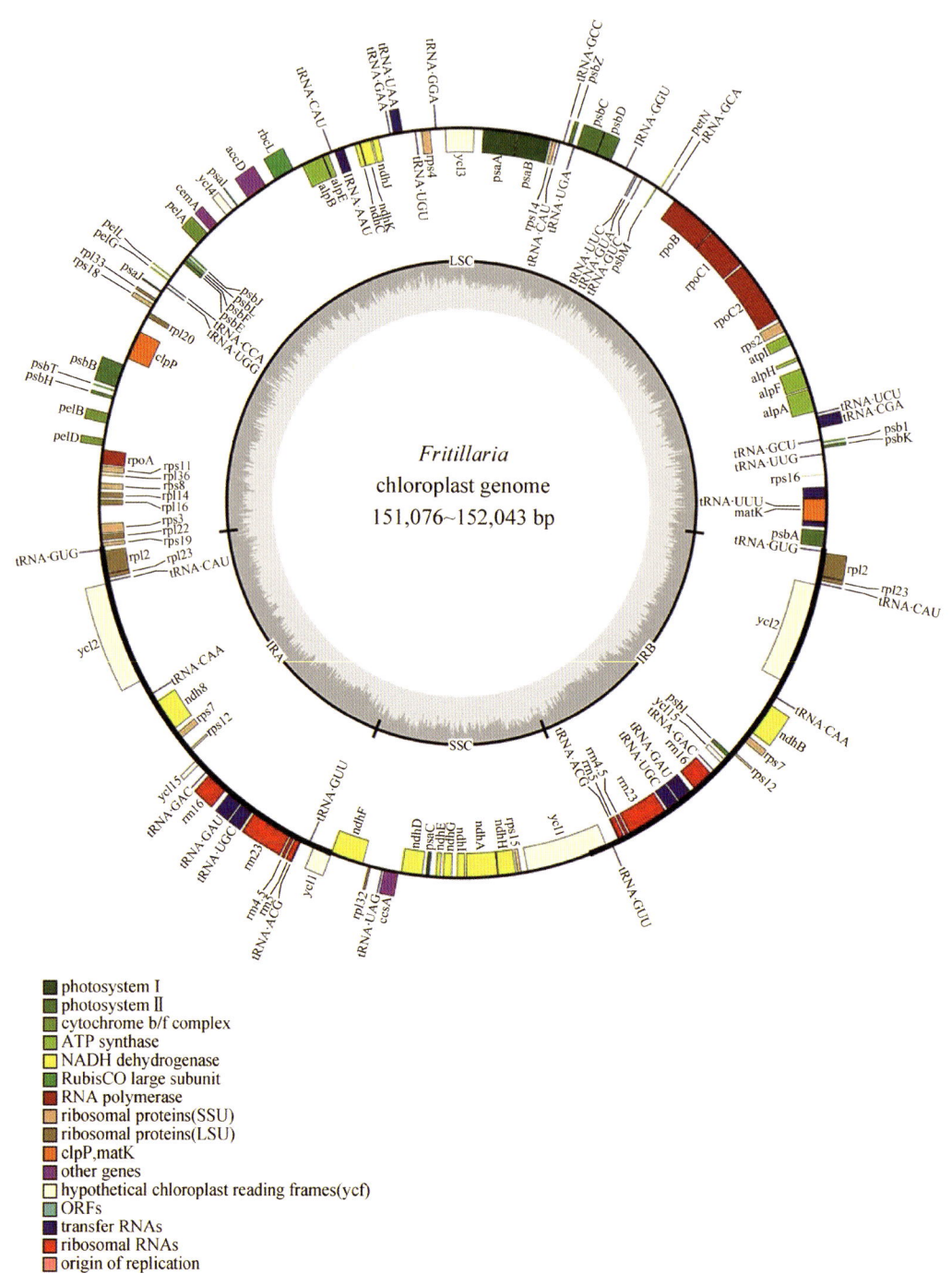

图6-1 贝母叶绿体基因组注释图谱

圆圈上不同颜色代表不同的基因类型,圆圈内侧的基因顺时针转录,
圆圈外侧的基因逆时针转录,内侧深灰色代表GC含量的高低。

4种贝母叶绿体基因组大小为151 076～152 043 bp，总GC含量为36.94%～36.96%，差异极小，具有明显的AT偏向性。GC含量在不同区域分布不均衡，IR区GC含量最高（42.46%~46.55%），LSC区GC含量次之（34.77%~34.80%），SSC区GC含量最低（30.39%~30.45%）。梭砂贝母、甘肃贝母和中华贝母的完整叶绿体基因组均编码133个基因，包括87个蛋白质编码基因、38个tRNA基因和8个rRNA基因，而暗紫贝母的完整基因组则编码132个基因，与其他三种贝母相比缺少了 *rps*16基因。IR区域的基因数量均为39。在组装全基因组的总reads数上，暗紫贝母明显少于其他三种贝母。中华贝母的对齐成对的reads数和平均细胞器覆盖率上明显少于甘肃贝母（分别少181 247和357.9842）和梭砂贝母（分别少40 082和79.8588），已组装的reads和平均插入大小差异不明显（表6-2）。

表6-2 四种贝母叶绿体基因组的长度和基本特征息

基因组特征	暗紫贝母	甘肃贝母	梭砂贝母	中华贝母
基因组大小/bp	151 076	152 043	151 940	152 016
LSC区域大小/bp	81 383	81 804	81 661	81 768
SSC区域大小/bp	17 537	17 539	17 569	17 546
IR区域大小/bp	26 078	26 350	26 355	26 351
基因数量（独特）	132（109）	133（110）	133（110）	133（110）
蛋白质基因（独特）	86（77）	87（78）	87（78）	87（78）
tRNA基因（独特）	38（28）	38（28）	38（28）	38（28）
rRNA基因（独特）	8（4）	8（4）	8（4）	8（4）
IR区域重复基因	39	39	39	39
GC含量/%	36.96	36.94	36.96	36.95
LSC区域GC含量/%	34.79	34.77	34.80	34.79
SSC区域GC含量/%	30.42	30.44	30.39	30.45
IR区域GC含量/%	42.55	42.46	42.49	42.47
总reads数	23 755 399	26 831 529	25 258 295	26 585 105
对齐成对的reads数	546 756	652 632	511 467	471 385
已组装reads数	149 891	150 858	150 755	150 831
平均细胞器覆盖率	1081.3173	1291.608	1013.4826	933.6238
平均插入大小/bp	322.99	331.55	341.68	336.64

四种贝母叶绿体基因组的基因分布完全相同，均有21个基因在IR区重复，包括4个rRNA基因（*rrn23s, rrn16s, rrn5s, rrn4.5s*）、8个tRNA基因（*tRNA-UGC, tRNA-GUU, tRNA-GUG, tRNA-GAU, tRNA-GAC, tRNA-CAA, tRNA-ACG , tRNA-CAU*）和9个蛋白编码基因（*psbI, ndhB, ycf1, ycf2, ycf15, rpl2, rpl23, rps7, rps12,*），其中*tRNA-CAU*基因在IR区域重复4次，其他基因均重复2次（表6-3）。这些基因在叶绿体基因组中较为保守，筛选出特异性分子标记的难度较大。

表6-3 四种贝母叶绿体基因组的基因组成及类型

种类	基因分类	基因名称
光合作用	光系统I亚基	*psaA, psaB, psaC, psaI, psaJ*
	光系统II亚基	*psbA, psbB, psbC, psbD, psbE, psbF, psbH, psbI*（×2）, *psbJ, psbK, psbL, psbM, psbT, psbZ*
	NADH脱氢酶亚基	*ndhA, ndhB*（×2）, *ndhC, ndhD, ndhE, ndhF, ndhG, ndhH, ndhI, ndhJ, ndhK*
	细胞色素b/f复合物亚基	*petA, petB, petD, petG, petL, petN*
	ATP合酶亚基	*atpA, atpB, atpE, atpF, atpH, atpI*
	Rubisco大亚基	*rbcL*
自我复制	核糖体大亚基蛋白	*rpl2*(×2), *rpl14, rpl16, rpl20, rpl22, rpl23*(×2), *rpl32, rpl33, rpl36*
	核糖体小亚基蛋白	*rps2, rps3, rps4, rps7*(×2), *rps8, rps11, rps12*(×2), *rps14, rps15, rps16*, rps18, rps19*
	RNA聚合酶的亚基	*rpoA, rpoB, rpoC1, rpoC2*
	rRNAs	*rrn23s*（×2）, *rrn16s*（×2）, *rrn5s*（×2）, *rrn4.5s*（×2）,
	tRNAs	*tRNA-UUU, tRNA-UUG, tRNA-UUC, tRNA-UGU, tRNA-UGG, tRNA-UGC*（×2）, *tRNA-UGA, tRNA-UCU, tRNA-UAG, tRNA-UAA, tRNA-GUU*（×2）, *tRNA-GUG*（×2）, *tRNA-GUC, tRNA-GUA, tRNA-GGU, tRNA-GGA, tRNA-GCU, tRNA-GCC, tRNA-GCA, tRNA-GAU*（×2）, *tRNA-GAC*（×2）, *tRNA-GAA, tRNA-CGA, tRNA-CCA, tRNA-CAU*（×4）, *tRNA-CAA*（×2）, *tRNA-ACG*（×2）, *tRNA-AAU*

续 表

种类	基因分类	基因名称
生物合成	成熟酶	*matK*
	蛋白酶	*clpP*
	膜蛋白	*cemA*
	乙酰辅酶A羧化酶	*accD*
	c型细胞色素合成基因	*ccsa*
未知功能	保守假设叶绿体基因	*ycf1* (×2), *ycf2* (×2), *ycf3*, *ycf4*, *ycf15* (×2)

注：*加粗表示暗紫贝母缺少*rps16*基因，（×2）表示该基因重复2次，（×4）表示该基因重复4次。

在叶绿体基因组中，存在LSC/IRb、IRb/SSC、SSC/IRa、IRa/LSC4个边界，其差异主要体现在IR区边界的收缩和扩张上。IR-LSC/SSC区域边界信息分析对研究叶绿体基因组结构差异、物种进化等具有重要意义[2]。通过IRscope在线软件绘制四种贝母及NCBI上其他13个贝母属及其近缘种叶绿体基因组四个区域的节点图谱，如图6-2所示。自测四种贝母的叶绿体基因组节点处变化一致，高度保守。*rps19*基因横跨LSC和IRb区，基因大小均为279 bp，在LSC区域分布251 bp，IRb区域分布28 bp。两个大小不同的*ycf1*基因分别横跨IRb和SSC区及SSC和IRa区。较小的*ycf1*基因位于IRb/SSC边界，四种贝母相同，在LSC区域均为1230 bp，IRb区域均为32 bp。较大的*ycf1*基因分布在SSC/IRa边界，在IRa区域部分长1230 bp，在四种贝母中均相同，而在SSC区域长度有差异，梭砂贝母和中华贝母为4320 bp，暗紫贝母和甘肃贝母为4314 bp。IRa/LSC边界在四种贝母中均位于*trnH*与*psbA*基因之间。

其他13个物种的*rps19*基因和*ycf1*基因在边界上的分布与四种贝母有明显差异。*rps19*基因在所有贝母属植物中均是横跨LSC和IRb区，差异在于片段大小及分布在LSC和IRb区的片段长度。在川贝母药材基原的六种物种中川贝母、太白贝母与其他四种的*rps19*基因稍有差异，川贝母*rps19*基因片段大小为285 bp，略大于其他四种，在LSC区域大小为250 bp，IRb区大小为35bp，而太白贝母的*rps19*基因片段大小与其他四种一致，为279 bp，但在LSC区域分布268 bp，IRb区只有11 bp。湖北贝母、平贝母、新疆贝母和超级百合的*rps19*基因片段大小虽也是279bp，但在LSC/IRb区域分布的碱基数与四种贝母相比有差异。其余四个物种的*rps19*基因仅分布在IRb（菠萝、文心兰、天南星）或LSC区（大麦），片段大小上的差异也较为显著。各个物种*ycf1*基因的分布差异

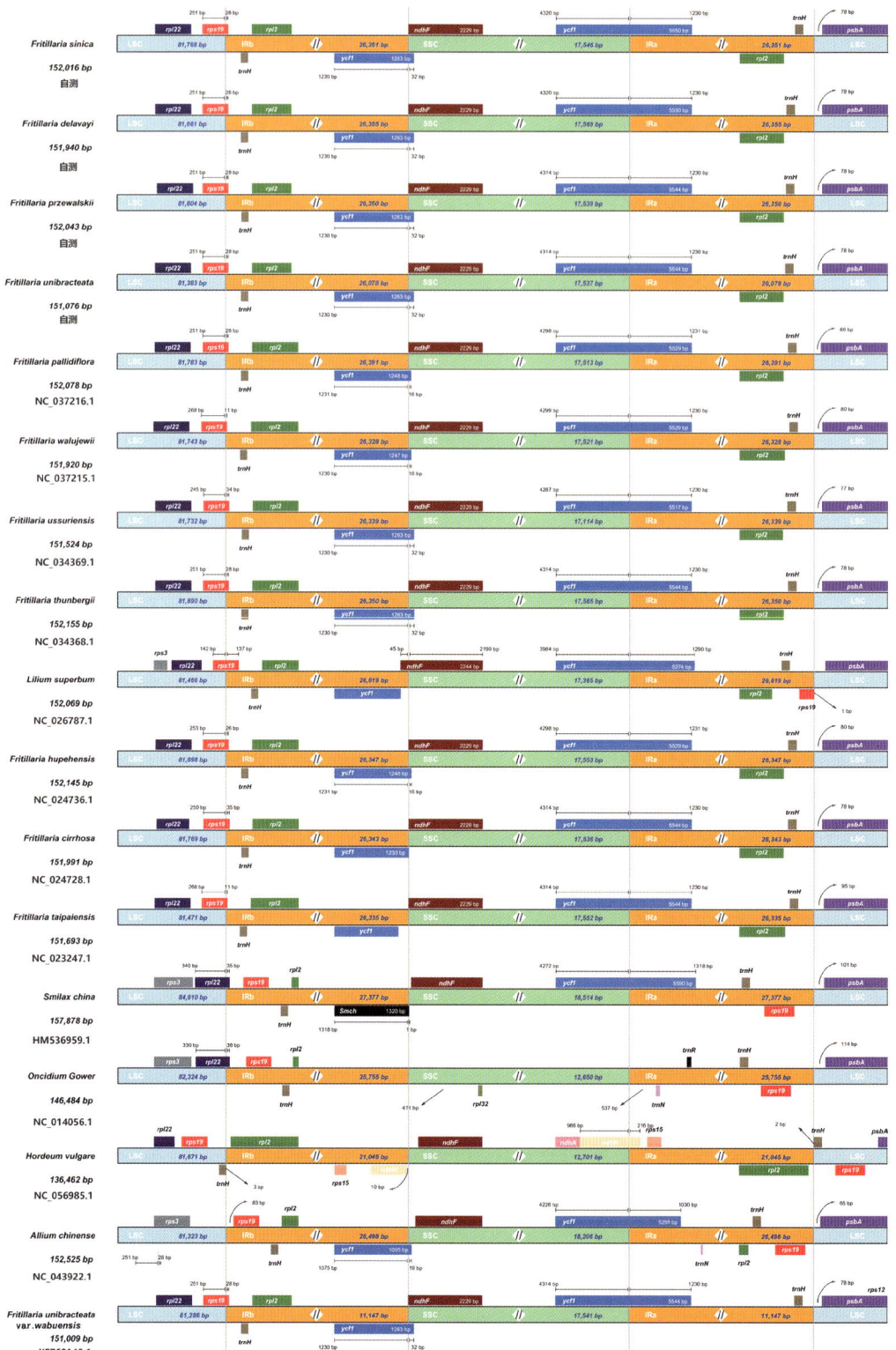

图6-2 17种贝母及其近缘物种叶绿体基因组的LSC、IRs和SSC边界比较

较大，超级百合、太白贝母、川贝母较小的 ycf1 基因分布在 IRb 区，菠萝、文心兰、大麦在相应位置缺失该基因，其余物种的该基因均横跨 IRb/SSC 区。除文心兰和大麦外其余物种 SSC/IRa 边界均处于较大的 ycf1 基因内，且有 3984~4320 bp 分布在 SSC 区，有 1030~1231 bp 分布在 IRa 区。本研究通过比较分析发现 12 种贝母属植物除 IRb/SSC 边界存在微小的差异外，其余边界均较保守。

2. 简单散在重复序列分析

注释四种贝母的全基因组时，统计了其简单散在重复序列（图6-3）和多序列重复（图6-4），多序列重复包括回文序列和正向重复序列。

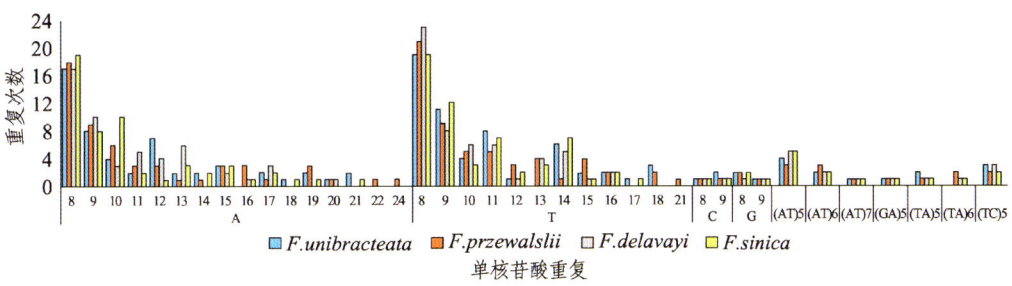

图6-3　四种贝母的简单类型散在重复序列

从图6-3可以看出，四种贝母的简单碱基重复出现次数集中在8和9次，其中碱基C和G的重复次数有且仅有8和9次的这两种，而碱基A的重复次数8~24次（除23外）都有，碱基T重复次数8~21次（除19和20外）都有。

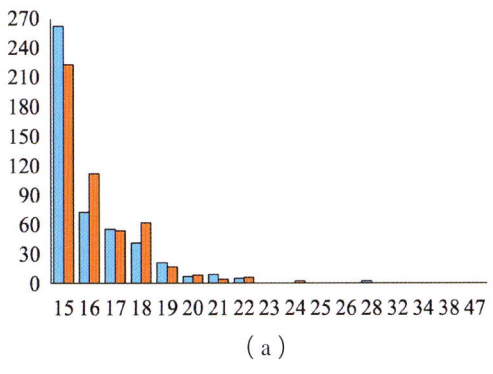
(a)

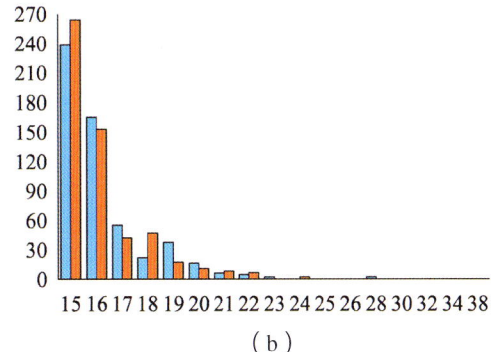
(b)

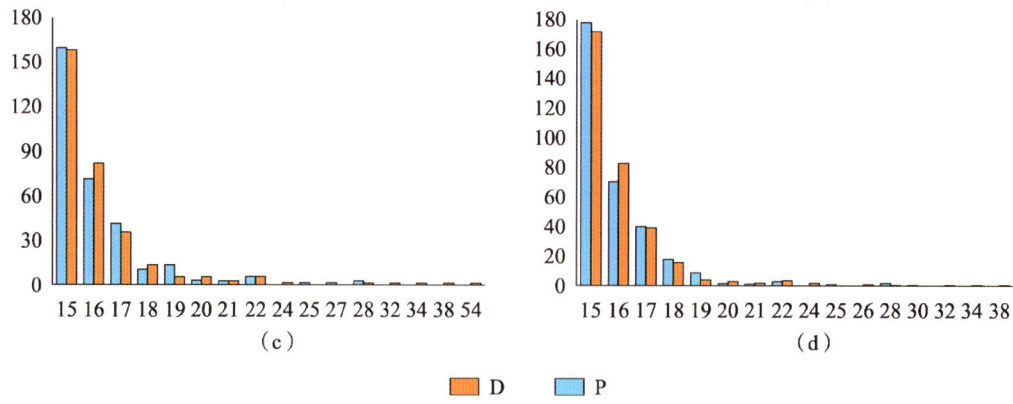

（a）暗紫贝母，（b）甘肃贝母，（c）梭砂贝母，（d）中华贝母。横坐标是散在重复序列的类型，纵坐标是散在重复序列的数量。D代表正向重复，P代表回文重复（包含反向、互补）

图6-4　四种贝母的多碱基散在重复序列

分析图6-4可知，四种贝母叶绿体基因组的重复序列的长度分布主要为15~20 bp，少数在21~22 bp，极少数的在23~38 bp。重复序列分为正向重复和回文序列（包括反向和互补序列），暗紫贝母和甘肃贝母在15~20 bp处有大量的重复序列，而梭砂贝母和中华贝母在15~20 bp则在含量上稍微少一些。在极少数含有重复序列片段中，暗紫贝母含有一个47 bp和一个23 bp正向重复序列，甘肃贝母和中华贝母在30 bp处含有一个正向重复序列，梭砂贝母在54 bp处含有一个回文重复序列，而甘肃贝母含有2个正向和1个回文的23 bp重复序列。梭砂贝母重复序列数要少于其他三种贝母的，中华贝母稍微比梭砂贝母多但仍少于其他两种贝母。

可将暗紫贝母的47 bp多序列重复位点以及甘肃贝母、中华贝母的30 bp正向重复序列等位点筛选出来，深入研究有望得到可用于其鉴别的特异性分子标记位点。

3. 核酸多样性分析及高度变异区的筛选

（1）核酸多样性分析

核酸多样性（pi）能揭示不同物种核酸序列的变异大小，pi值越大，该基因的变异度越高，变异度较高的区可以为种群遗传学提供潜在的分子标记。基于测序的四种贝母叶绿体基因组的相同基因进行核酸多样性分析，从全基因组132个基因中筛选并统计出未重复的113个基因进行比对，从而计算出它们的pi值，并制作对应的折线图（图6-5）。

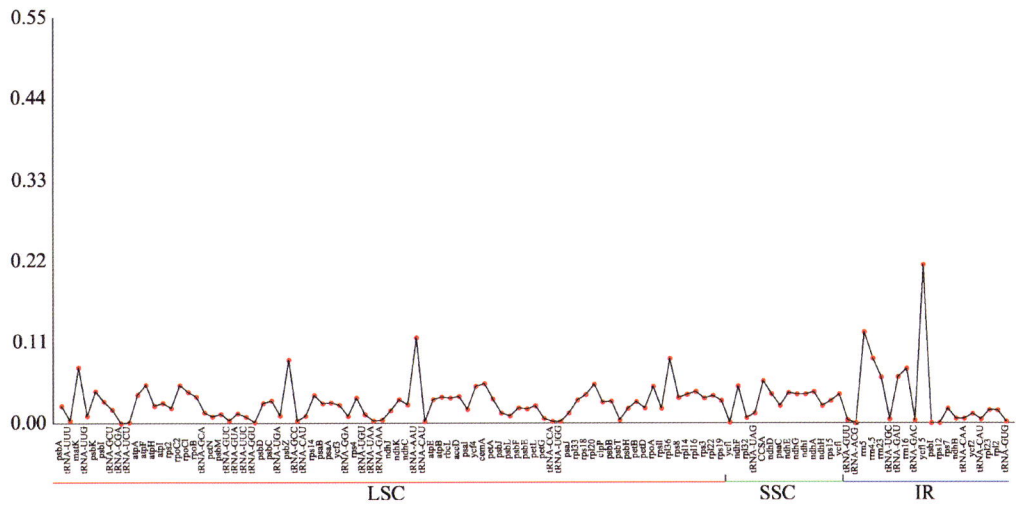

图6-5 四种贝母叶绿体基因组113个基因的pi值

按照pi值由大到小排序,从113个基因中列出pi值排名前10的基因,包括:ycf15、rrn5、tRNA-AAU、rrn4.5、rpl36、psbZ、matK、rrn16、tRNA-GAU和rrn23,这些基因所在区域的pi值较大,变异度较大。由图6-5可知,IR区域的基因整体水平的pi值高于LSC和SSC区域,pi值排名前十的基因,IR区域有6个,LSC区域有4个,而SSC区域0个。pi值较大的区域出现在较为保守的IR区域,与边界分析的结果有冲突,推测基因内的位点筛选可能不适合川贝母这种多基原植物,物种间变异复杂,可尝试研究川贝母的高度变异区域,从而筛选其专属性分子标记位点。

(2)高度变异区

基于12种常见的贝母(6个川贝母的基原植物、浙贝母、平贝母、新疆贝母、伊犁贝母、中华贝母和湖北贝母)叶绿体全基因组序列,比对并计算了它们之间的pi值,从而进行滑窗分析,得到740个窗口,从中筛选出变异度较高的16个窗口,结果见表6-4。

表6-4 12种常见贝母的滑窗分析

编号	滑窗位置	滑窗中值位置	pi值	基因组中对应的位置
1	125 778~126 377	126 077	0.0159	*ycf1*
2	44 959~45 698	45 289	0.0146	*trnL-UAA*
3	45 175~45 916	45 588	0.0143	*trnF-GAA*
4	112 862~113 661	113 316	0.0139	*ndhD*

续 表

编号	滑窗位置	滑窗中值位置	pi值	基因组中对应的位置
5	126 978~127 592	127 286	0.0132	*trnN-GUU-trnR-ACG*
6	28 898~29 537	29 211	0.0125	*trnE-UUC-trnT-GGU*
7	126 778~127 386	127 077	0.0117	*trnN-GUU*
8	26 952~27 588	27 279	0.0116	*psbM-trnD-GUC*
9	13 550~14 212	13 895	0.0115	*atpI*
10	81 447~82 098	81 760	0.0114	*rps19*
11	26 737~27 379	27 053	0.0110	*petN-psbM*
12	29 941~30 887	30 399	0.0110	*trnT-GGU-psbD*
13	30 888~31 710	31 408	0.0107	*psbD*
14	7 559~8 342	7 988	0.0106	*trnG-GCC-trnG-GCC*
15	65 609~66 259	65 922	0.0105	*rps18-rpl20*
16	83 100~83 741	83 435	0.0104	*rpl2*

利用滑动窗口分析，最终提取16个区域，计算核苷酸变异率，pi值为0.0104（*rpl12*）至0.0159（*ycf1*）。鉴定出10个分布最广的区域，可作为贝母属系统发育分析和物种鉴定的潜在分子标记（图6-6）。这些区域包括*ycf1*、*trnL-UAA*、*trnF-GAA*、*ndhD*、*trnN-GUU-trnR-ACG*、*trnE-UUC-trnT-GGU*、*trnN-GUU*、*psbM-trnD-GUC*、*atpI*和*rps19*。

其中*ycf1*基因的分化程度最高，是潜在的分子标记区域。通过比对《中国药典》收录的11种贝母类药材基原植物叶绿体基因组的*ycf1*基因，以期寻找潜在的分子标记位点。结果发现，平贝母、伊犁贝母、太白贝母、新疆贝母、浙贝母、湖北贝母、暗紫贝母、瓦布贝母和梭砂贝母存在物种特异性分子标记。平贝母（78个SNPs和9个indels）的分子标记数量最多，而暗紫贝母（2个SNPs）、瓦布贝母（2个SNPs）和梭砂贝母（2个SNPs和2个indels）的分子标记数量最少。然而，在*ycf1*基因中尚未发现川贝母和甘肃贝母的物种特异性标记位点。这两个物种的其他高度分化区域可能为物种特异性鉴定提供更好的信息。

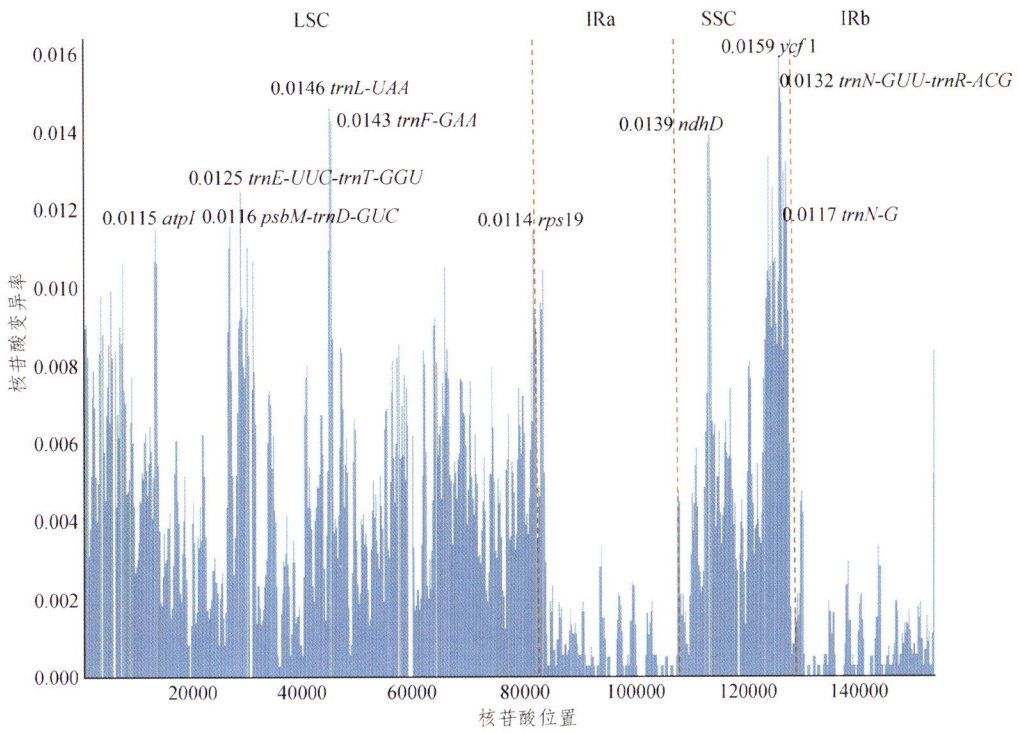

图6-6 12种贝母的滑窗分析
窗长600 bp，步长200 bp

4. 系统进化树的构建及分析

（1）基于基因和基因间隔区序列片段序列建树

基于61种贝母及其近、远缘物种的*matK*、*psbA-trnH*和*rpl16*三种常见DNA条形码序列及变异度最大的*ycf1*基因序列，采用最大似然数法（ML）和邻近法（NJ）分别构建系统发育树，结果（图6-7、图6-8）显示，*matK*、*psbA-trnH*和*rpl16*获得了较弱支持树，而基于*ycf1*基因的系统发育树则获得了中等支持树，分别有50%（NJ树）和60%（ML树）的分枝获得了超过90 BP的bootstrap值，表明基于单一基因序列构建的系统发育树不能有效支撑川贝母的系统进化关系。

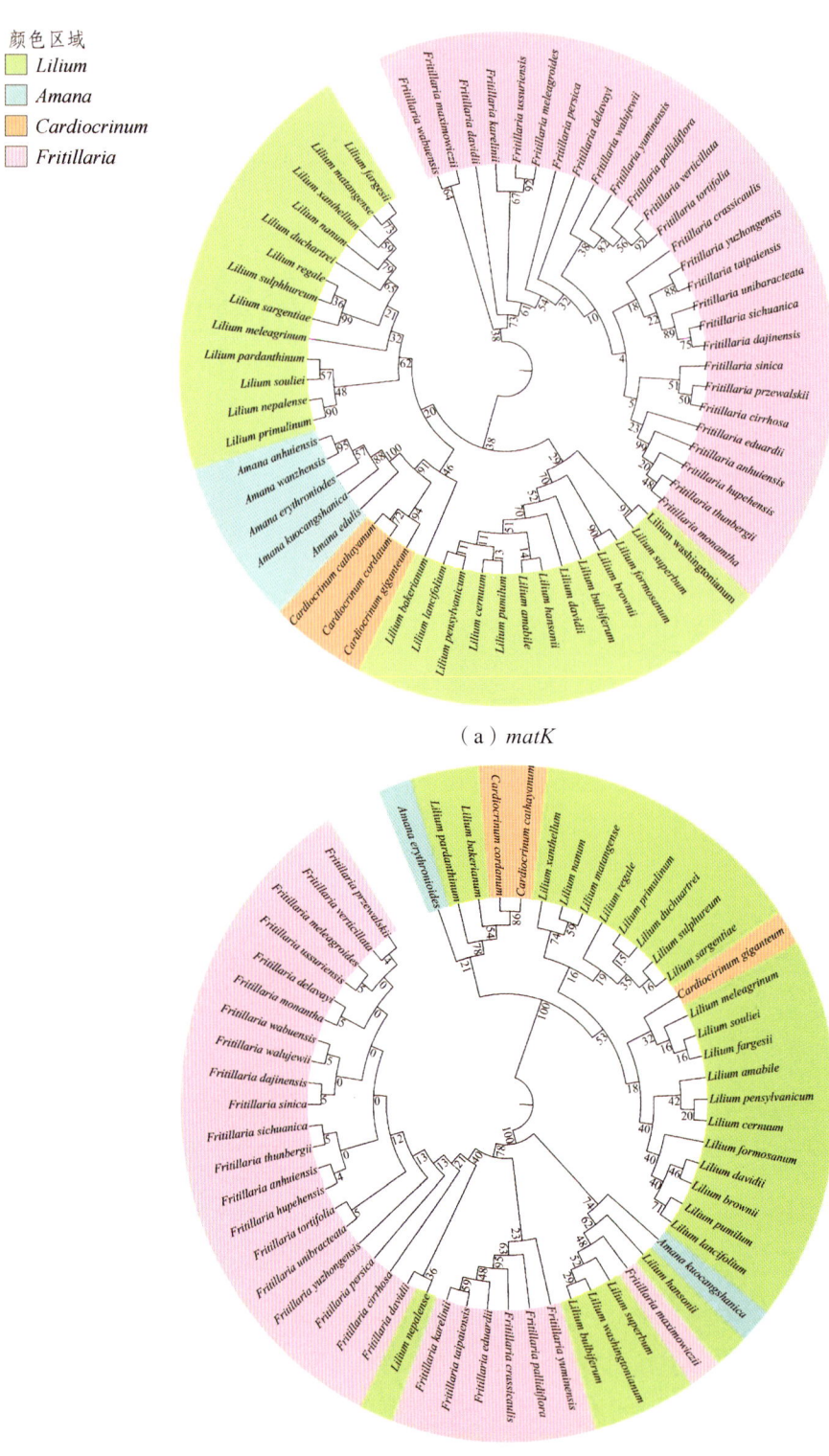

（a）*matK*

（b）*psbA-trnH*

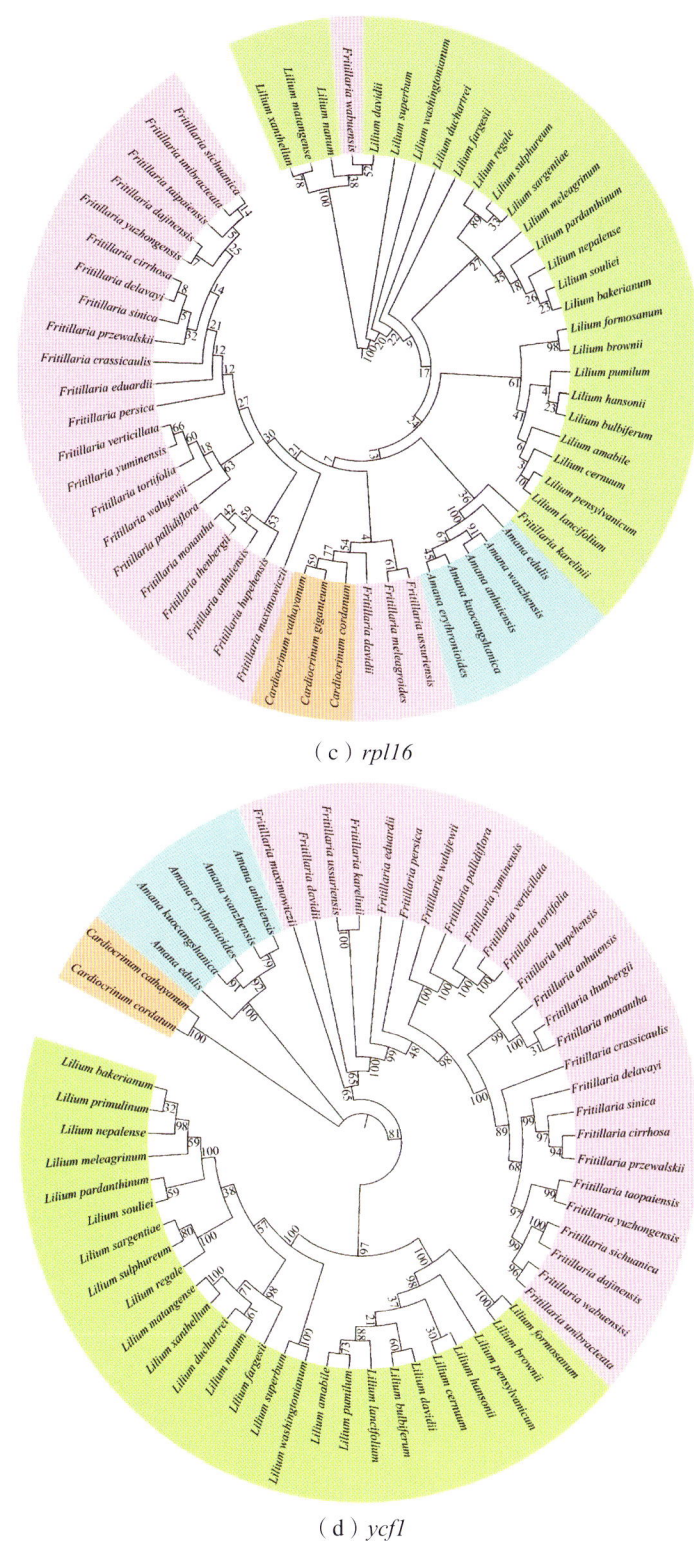

（c）rpl16

（d）ycf1

图6-7 基于61种物种matK、psbA-trnH、rpl16和ycf1基因序列ML树

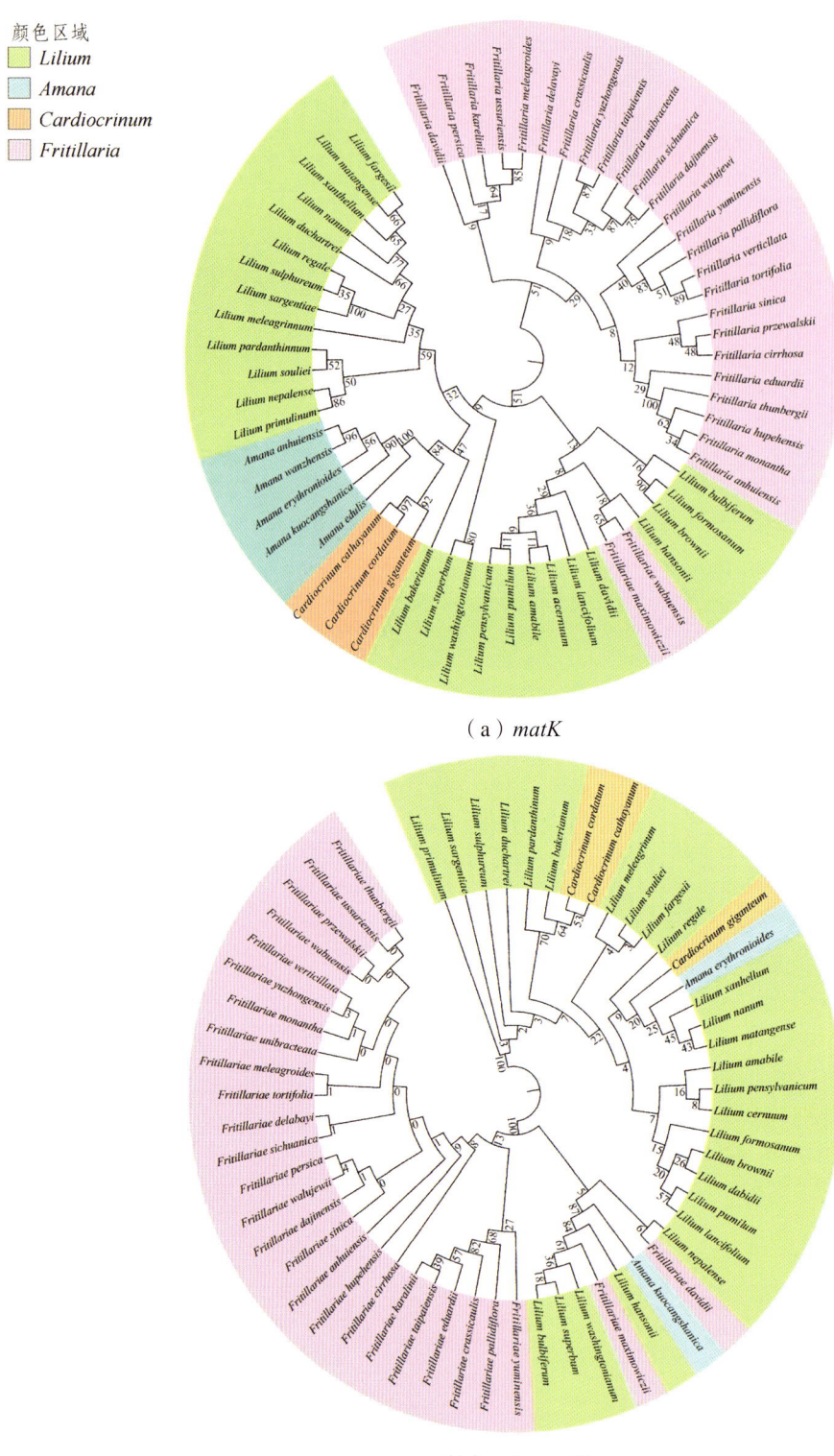

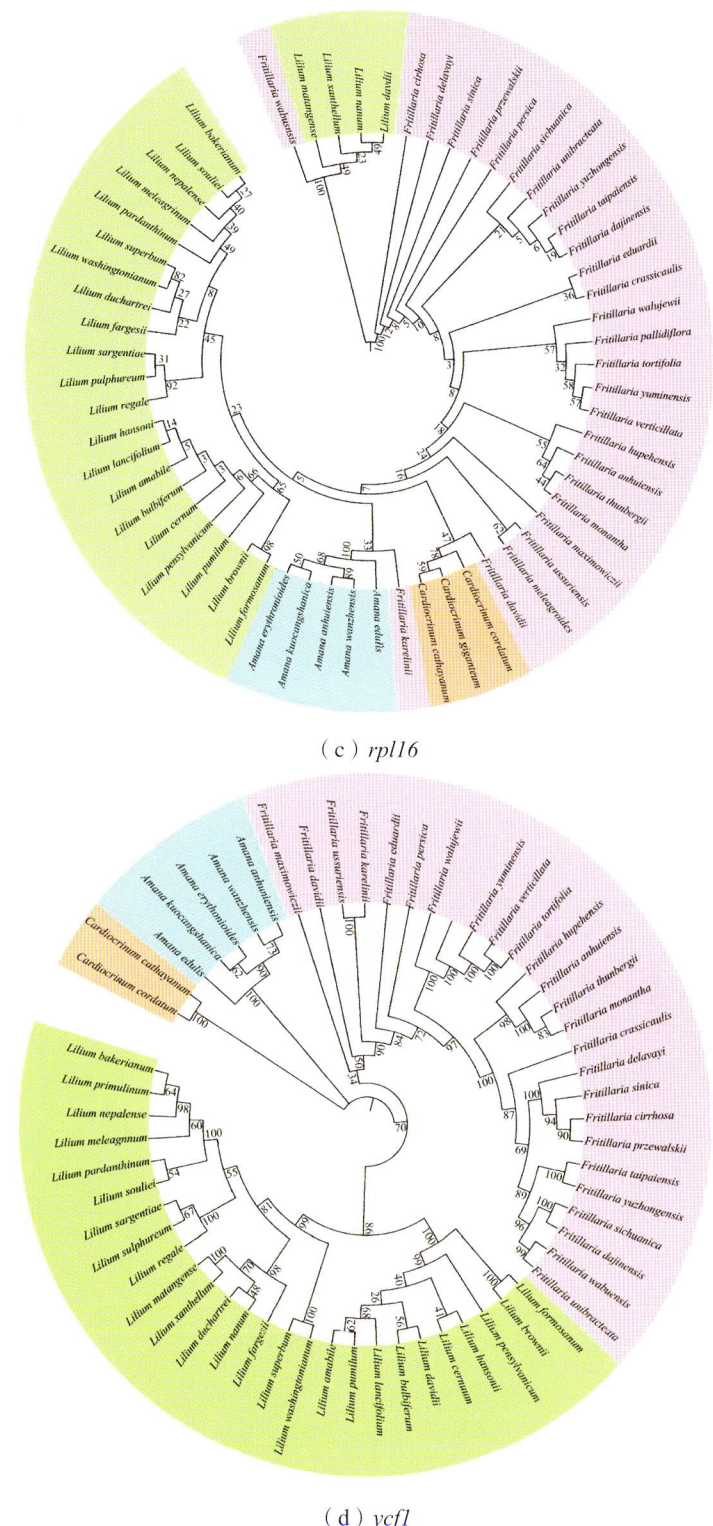

(c) rpl16

(d) ycf1

图6-8 基于61种物种matK、psbA-trnH、rpl16和ycf1基因序列NJ树

（2）基于叶绿体全基因组建树

基于贝母及其近、远缘物种的叶绿体全基因组序列（61种），采用ML（图6-9）和NJ法（图6-10）分别构建系统进化树。叶绿体全基因组矩阵包括27种贝母属植物、26种百合属植物、3种大百合属植物和5种老鸦瓣属植物。对61种叶绿体全基因组进行比对，ML树的结果与NJ树相似。在ML树中（图6-9），贝母群和百合群得到强支持（100 BP），是大百合属的姐妹群。在系统进化树中百合是单系（100 BP），是贝母的姐妹种。此外，百合与贝母出现嵌套情况，并有适度的中度支持（75 BP）Day等[3]结果（53 BP）不一致。贝母属是最大的亚属，属于副门亚属，除 *F. maximowiczii*（Liliorhiza亚属）外，其余亚属均为副生亚属。在进化枝A中，*F. davidii* 与其余的欧亚物种（100 BP）是连续的姐妹类群，它们分裂成两个支持良好的进化枝。支系A1与中国北部地区的贝母亚属（贝母亚属 *F. ussuriensia* 和 *F. meleagroides*）两种为姊妹，属单型亚属Rhinopetalum（*F. karelinii*）。姊妹枝（A2）由其余22种组成，可分为两个亚枝（100 BP）。B1亚枝包含中东和中亚地区的Theresia（*F. persica*）亚属和Petilium（*F. eduardii*）亚属，B2亚枝包含华南地区的15种贝母亚属和新疆平原地区的5种（*F. tortifolia*、*F. verticillata*、*F. yuminensis*、*F. pallidiflora* 与 *F.walujewii*）。

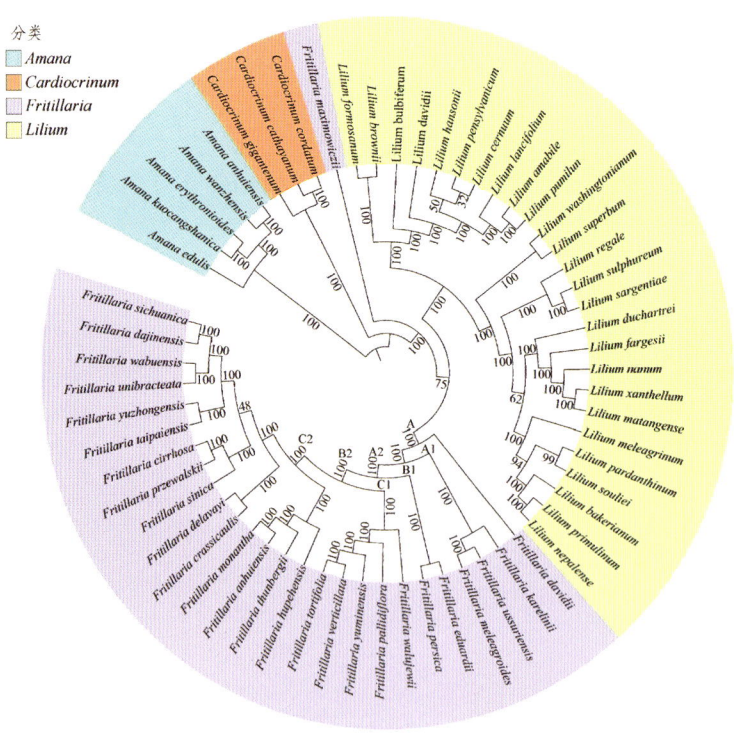

图6-9　基于61种贝母及其近、远缘物种ML树

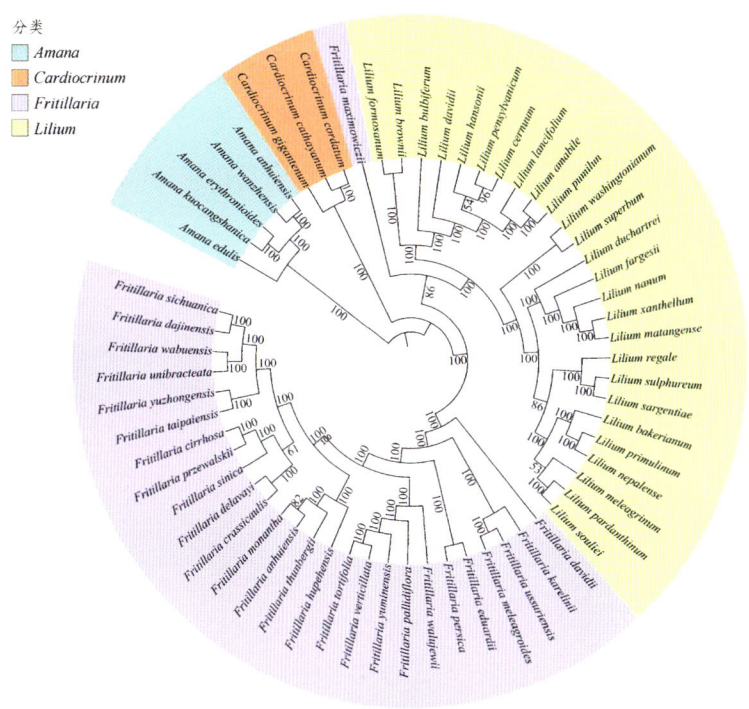

图6-10 基于61种贝母及其近、远缘物种NJ树

从构建的两种进化树上来看，《中国药典》收载的11种最有药用价值的贝母不在单一系群中，平贝母是从其他10种中分离出来的。总体而言，基于叶绿体全基因组的系统发育树得到了高度支持，其中91%（53/58）分支的bootstrap值超过90 BP。因此，与四个单一基因序列建树结果比较，叶绿体全基因组获得了高度可靠的系统发育树，更加符合川贝母的系统进化规律。

根据文献分析《中国药典》收载的11种贝母类药材的基原物种：暗紫贝母、梭砂贝母、太白贝母、甘肃贝母、川贝母、瓦布贝母、浙贝母、平贝母、湖北贝母、伊犁贝母和新疆贝母的分布与系统进化关系，结果显示我国贝母分布主要集中在四个地区，分别是以新疆贝母、伊犁贝母等5个品种为主的新疆地区，以川贝母、华西贝母、中华贝母和渝中贝母等11个品种为主的横断山脉地区，以浙贝母、湖北贝母和安徽贝母为主的华东地区和以平贝母为主的东北地区。这些不同贝母主产地分布同样对应图6-11中的它们在进化树各个枝的分化，表明贝母属植物的聚类结果明显受到其地理分布区域的影响，揭示贝母属物种系统进化与其地理聚类分布的关联性，地理环境因素在一定程度上影响着贝母属植物的聚类分布。

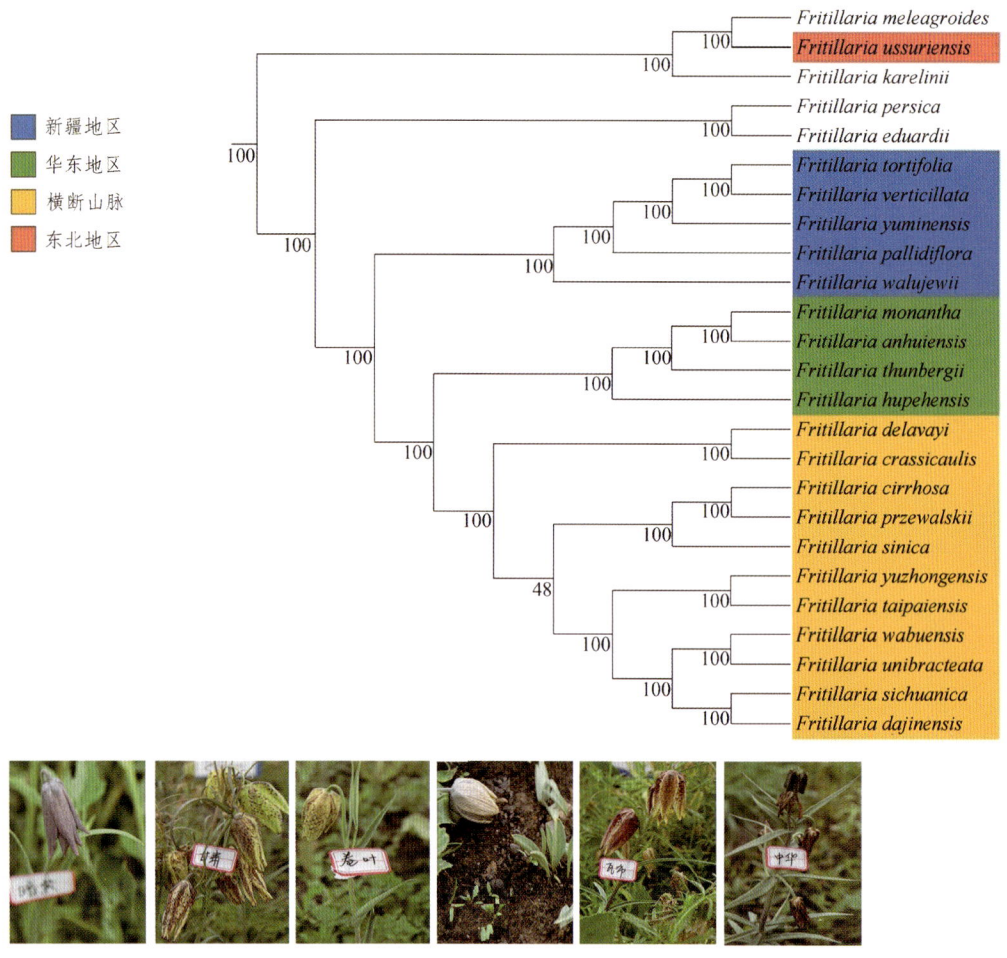

图6-11 11种贝母类药材基原植物在中国的分布与系统进化关系

四、小结

通过二代测序获得了四种贝母的叶绿体基因组数据，完成和统计了其组装和注释结果，得出：四种贝母的基因组大小差异范围在864~967 bp，暗紫贝母与其他三种贝母的差异较大并发现其缺少了$rps16$基因；在三个分区上，LSC区域差异较大，是值得探讨和深入研究的区域，有望在此区域筛选出可做分子标记的位点。比较17种贝母及其近缘物种叶绿体基因组中$rps19$基因和$ycf1$基因在LSC/IRb、IRb/SSC和SSC/IRa边界区域上的差异，发现同属的物种在IR区域收缩和扩展的差异较小，不同属物种基因片段有较大差异，基因组的大小也存在差异。例如，Long等[4]研究的宝华老鸦瓣，与贝母同为百合科，其完整叶绿体基因组全长150 757 bp（LSC区域81 757 bp、SSC区域16 962 bp和IR

区域26 019 bp），总GC含量36.73%，在LSC、SSC和IR区域的GC含量分别为34.63%、30.11%和42.20%。宝华老鸦瓣与贝母属植物相比，其完整叶绿体基因组大小比贝母属植物小，其LSC、SSC和IR各区域长度都相对比贝母属植物短。宝华老鸦瓣叶绿体基因组含111个注释基因，也比贝母属植物少。

散在重复序列和多重复序列分析发现贝母属是一个富含A/T的物种，多重复序列多集中在15~20 bp，还有些极少数多序列重复，如暗紫贝母有47 bp的多序列重复位点以及甘肃贝母、中华贝母的30 bp正向重复序列等位点存在，有望成为物种鉴定的特异性分子标记位点，可用于这些贝母的鉴定。

比对全基因组未重复的113个基因并计算出它们的pi值，排名前10的基因有：*ycf15*、*rrn5*、*tRNA-AAU*、*rrn4.5*、*rpl36*、*psbZ*、*matK*、*rrn16*、*tRNA-GAU*和*rrn23*，这些基因的所在区域的pi值较大，变异度较大。通过比对12种市面常现的贝母叶绿体全基因组序列，进行滑窗分析，最终提取16个区域，pi值为0.0104（*rpl12*）至0.0159（*ycf1*）。鉴定出10个分布最广的区域：*ycf1*、*trnL-UAA*、*trnF-GAA*、*ndhD*、*trnN-GUU-trnR-ACG*、*trnE-UUC-trnT-GGU*、*trnN-GUU*、*psbM-trnD-GUC*、*atpI*和*rps19*。其中*ycf1*基因的分化程度最高，比对11种药用贝母的*ycf1*基因，结果发现，平贝母、伊犁贝母、太白贝母、新疆贝母、浙贝母、湖北贝母、暗紫贝母和梭砂贝母的种特异性分子标记。平贝母（78个SNPs和9个indels）的分子标记数量最多，而暗紫贝母（2个SNPs）、瓦布贝母（2个SNPs）和梭砂贝母（2个SNPs和2个indels）的分子标记数量最少。

利用ML和NJ法，基于贝母的叶绿体全基因组数据分别建树，发现完整叶绿体序列的系统进化树明显优于一些常见DNA条形码（*psbA-trnH*，ITS2，*matK*等）的聚类效果，且分辨率更好，并得出贝母属植物与百合属植物亲缘关系最近的结论，符合物种进化规律。不同贝母主产地分布进化分析得出，贝母属植物的聚类结果明显受到其分布区域的影响，在中国有4个贝母植物的栽培热点区域，分别是：以川贝母、华西贝母、中华贝母、渝中贝母等11个品种为主的横断山脉地区；以伊犁贝母、新疆贝母等5个品种为主的新疆地区；以浙贝母、湖北贝母与安徽贝母为主的华中地区和以平贝母为主的东北地区。

参考文献

[1] Song X, Ting S, Wen J, et al. Comparative analysis of the complete chloroplast genome among *Prunus mume, P. armeniaca, and P. salicina*[J]. Horticulture Research, 2019. 6（1）：89.

[2] 梁凤萍，文祥宁，高赫一，等. 菊科植物叶绿体基因组特征分析[J]. 基因组学与应用生物学，2018，37（12）：5437.

[3] 李滢，姚辉，宋经元，等. 基于叶绿体全基因组的贝母属特异性DNA条形码的筛选[J]. 世界科学技术-中医药现代化. 2016. 18（01）：24-28.

[4] Wang L, Lu X, Han B, et al. The complete chloroplast genome of *Amana baohuaensis*（Liliaceae）[J]. Mitochondrial DNA. Part B, Resources, 2020. 5（3）：3665-3667.

第七章
川贝母等中药材的分子标记应用现状

贝母属（*Fritillaria*）植物为多年生草本，隶属百合科（Liliaceae）。徐彦等报道国产贝母属植物有80余种，52变种，6变型，其中以四川、新疆与青海的野生种类最多[1]。贝母类药材以贝母属植物为来源，被划分为川贝母、浙贝母、伊贝母、湖北贝母与平贝母和安徽贝母等6种类型，其中仅安徽贝母尚未收载于2020版《中国药典》。川贝母主产于四川、西藏与青海等地区，药用价值最高，为贝母类药材上品，其基原植物包括川贝母（*F. cirrhosa* D.Don）、暗紫贝母（*F. unibracteata* Hsiao et K. C. Hsia）、甘肃贝母（*F. przewalskii* Maxim）、梭砂贝母（*F. delavayi* Franch.）、太白贝母（*F. taipaiensis* P. Y. Li）与瓦布贝母（*F. unibracteata* var. *wabuensis*）。浙贝母以浙江及其邻近省份栽培最多，产量居商品贝母的首位，其基原植物包括浙贝母（*F. thunbergii* Miq）及其变种东贝母（*F. thunbergii* var. *chekiangensis* Hsiao et K. C. Hsia）。伊贝母主要产自新疆，其基原植物包括伊犁贝母（*F. pallidiflora* Schrenk）与新疆贝母（*F. walujewii* Regel）。平贝母为平贝母（*F. ussuriensis* Maxim）的干燥鳞茎，主产于我国东北。湖北贝母（鄂贝母）为湖北贝母（*F. hupehensis* Hsiao et K. C. Hsia）的干燥鳞茎，在长江中下游地区栽培较为广泛，产量仅次于浙贝。安徽贝母为为皖贝母（*F. anhuiensis* S. C. Chen et S. F. Yin）的干燥鳞茎，为近年发展的中药贝母新品种。

由于贝母属植物具有重要的药用和经济价值[2]，已成为当地群众的重要收入来源，巨大的利益驱动导致某些贝母属野生物种遭受过度采挖，资源日趋枯竭，甚至在药材市场上出现以次充好的乱象[3]。研究贝母属植物的种质资源鉴定与遗传多样性不仅能够为野生资源保护提供思路，还能够确保贝母药材的安全性使用。其一，建立中药川贝种质资源鉴定体系，形成贝母属植物的"分子身份证"，能够从源头保障贝母药材的准确性，确保用药安全；种质资源鉴定不仅能合理有效地保存现有种质，而且能为开发新的贝母药材及其替代品提供思路。其二，研究贝母属植物的遗传多样性，了解种间及种内的遗传变异，掌握贝母属植物在特定环境下的繁殖与适应能力，有利于制定有效的保护与选育方针，提高贝母属植物的生存能力与产量。

目前，分子标记技术因数量丰富、遗传稳定、多态性高、多为共显性等特征已成为植物种质资源鉴定与遗传多样性研究的重要技术。本章结合课题组正在开展的研究工作，总结了不同分子标记用于贝母属植物种质鉴定与遗传多样性分析的情况，以期为资源保护、可持续发展提供理论基础及技术支持。

一、基于RAPD的贝母属植物遗传多样性分析及其种质资源鉴定

随机扩增多态性DNA（Random amplified polymorphic DNA，RAPD）技术以PCR为基础，采用10个左右长度的随机核苷酸引物，随机扩增基因组DNA。若DNA模板上与引物互补的反向重复序列存在多态性，即会产生多态性扩增图谱。

1. 基于随机扩增多态性DNA的贝母属种质资源鉴定

李玉峰等[4]通过20条随机性多态引物，RAPD扩增得到127条电泳条带，其中103条为多态性条带，多态性比率为81.1%。多态性聚类结果表明，川贝母与康定贝母的亲缘关系最近，与瓦布贝母及浓蜜贝母的亲缘关系也较近，但与浙贝母、平贝母及伊贝母较远。由此，作者将贝母亲缘关系的远近归因于地理距离的远近。王成等[5]根据Xing等[6]筛选获得的RAPD标记，形成一套用于特异性鉴定川贝母的TaqMan实时荧光PCR方法，其检测样品中川贝母的最低含量可达0.05%，从而实现川贝母真伪品鉴定及相对定量。李敏等[7]对川贝母、浙贝母、湖北贝母进行RAPD分析，扩增得到39条谱带，多态性条带数在6-10条范围内，相较于湖北贝母，川贝母与浙贝母的亲缘关系更近。

2. 基于随机扩增多态性DNA的贝母属遗传多样性分析

王伟等[8]通过RAPD技术获得了青海省4个地区暗紫贝母的遗传多样性信息，并据此将不同地区的样品聚类在一起，表明RAPD技术具有种下的鉴定能力。李庆等[9]筛选出14条随机引物，扩增出121条多态性电泳条带，长度集中在250~1000 bp，多态性达到100%。聚类分析表明，川贝母复合群不同种之间、相同种在不同分布区、野生和人工栽培之间的遗传多样性受到了不同生态环境的显著影响。更为重要的发现是瓦布贝母野

生型与栽培型遗传性最为相似，显示其作为栽培种的优势。

二、基于ISSR的贝母属植物遗传多样性分析及其种质资源鉴定

简单重复区间序列（Inter-simple sequence repeats，ISSR）在分子水平上是一类由1~5个核苷酸为一个重复单位而组成的一长串核苷酸重复序列，通常长度较短，多见于真核生物基因组中。ISSR分子标记技术是一种在SSR基础上利用锚定的微卫星DNA为SSR引物，来对基因组（特别是重复序列）进行扩增的标记系统。

1. 基于ISSR标记的贝母属种质资源鉴定

黎开强等[10]对主要采集于四川省甘孜州与阿坝州的10个贝母种及1个浓蜜贝母变种进行分析，利用11条引物，扩增出179条条带，其相对分子质量介于200~2000 bp，多态性比率为86.18%。比较各种贝母物种间的遗传相似系数，湖北贝母与其他贝母物种亲缘关系最远，并且来源于同一地区的贝母物种常常聚在一起，推测原因可能是不同贝母物种间存在异花授粉，该类型基因交流弱化于不同物种间的遗传差异，导致后代遗传相似性增加。

2. 基于ISSR标记的贝母属遗传多样性研究

张婕等[11]对川贝母鳞茎及叶片进行高通量测序，采用MISA对Unigene进行SSR位点分析，共检测到3817个SSR位点，分布于3367条序列中，SSR出现频率为8.49%，6种SSR重复类型的重复次数主要集中于4~12次。由此他们发现川贝母的SSR位点出现频率较高而且类型丰富，多态性很高，便于后续遗传多样性分析和遗传图谱的构建。詹羽姣等[12]对伊贝母的16个野生和栽培居群，共128份样品进行遗传多样性分析，利用15条引物，扩增出239条条带，多态性比率为94.98%，有效等位基因数（Ne）为1.3426，Nei的基因多样性（H）为0.2190，Shannon指数（I）为0.3503，得出伊贝母居群间有较高的遗传多样性，并提示地理位置的远近对遗传差异有较大影响。刘晓贤等[13]对8个浙贝母居群、1个东贝母居群、1个皖贝母居群和2个川贝母居群进行ISSR聚类分析，发现磐安浙贝居群已明显区别于其他产区浙贝居群，并且长期的留种栽培使磐安浙贝遗传多样性水平降低，形成相对稳定的遗传。王果平等[14]对新疆贝母属遗传多样性进行了ISSR聚类分析，将十种贝母分为三个类群，其中大白花贝母、小白花贝母、黄花贝母和托里贝母聚类在了一起。

三、基于SNP标记的贝母属植物种质资源鉴定

单核苷酸多态性（Single nucleotide plymorphism，SNP）主要是指在基因组水平上由于单个核苷酸变异而导致核酸序列多态，即基因中的点突变，包括置换、颠换、缺失和插入。

徐传林等[15]对贝母属ITS区的DNA测序发现，药用川贝母类的ITS区第75位碱基为"C"，即该位点上下游含有SmaI酶切位点（该酶的识别序列为CC̲CGGG，下划线为第75位碱基），而非川贝母类为"T"（该处序列为CT̲CGGG，下划线为第75位碱基），没有该酶切位点，可作为鉴定川贝母的独征性位点。由此，建立了聚合酶链反应-限制性酶切图谱（PCR-RFLP）方法，并已收载于《中国药典》2010年增补版，该方法在PCR技术的基础上，利用SmaI限制性内切酶对川贝母ITS的PCR产物进行切割，川贝母在100~250 bp间出现两条条带，非川贝母没有对应电泳条带。孙丽媛等[16]依据该原理，研制了DNA检测试剂盒，对全国药材市场的70份川贝母样品进行了真伪调研，结果正品有37份，伪品率高达47.1%，这为川贝市场的管理提供了基础数据。本实验室采用该方法对川贝母、浓蜜贝母、中华贝母、康定贝母、长腺贝母、平贝母、浙贝母及伊犁贝母等不同贝母属植物进行了鉴定，发现该方法仅能区分平贝母、浙贝母及伊犁贝母，而浓蜜贝母、中华贝母、康定贝母、长腺贝母与川贝母均出现了相同的酶切图谱，表明该方法的鉴定准确度有待提高[17]。

兰青阔等[18]对贝母属6种植物15条叶绿体基因组序列进行分析。结果发现，不同贝母的叶绿体基因组DNA同源性较高（98.38%），共发现SNP位点5879个，其中供川贝母类鉴别候选位点71个，供瓦布贝母、太白贝母、浙贝母、湖北贝母与平贝母鉴别的候选位点分别为25个、120个、61个、79个与794个。

四、基于AFLP标记的贝母属植物遗传多样性分析

扩增片段长度多态性（Amplified fragment length polymorphism，AFLP）技术是基于PCR的选择性扩增限制性片段的方法。基因组DNA在限制性内切酶作用下，产生不同分子量的限制性片段，接着以特定的双链接头与限制性片段连接作为模板，用选择性引物扩增出多态性产物。

徐金中等[19]对6个浙贝母居群共32份个体进行AFLP分析，发现浙贝母物种的遗传多样性水平丰富，并且居群间的多样性水平明显低于居群内的多样性水平，居群间遗传分化不明显，表明浙贝母适应环境能力较强，种植资源相对比较稳定，这些居群适宜作为浙贝母优良品种的选育基地。

五、基于DNA条形码的贝母属植物遗传多样性分析及其种质资源鉴定

DNA条形码（DNA barcoding）技术是一种建立在PCR技术及DNA测序技术基础之上的方法，利用基因组中一段标准短序列来快速保守地进行物种鉴定。植物类DNA条形码有来自核基因组的ITS1与ITS2，叶绿体的*psb*A-*trn*H，*rbc*L与*mat*K，以及线粒体基因组的COI序列等。陈士林等[20]首次提出以ITS2为主、*psb*A-*trn*H为辅的植物类药材DNA条形码鉴定体系。本实验室也利用ITS2序列对含有（及不含有）小檗碱的植物建立分类体系，获得了含有小檗碱的植物的特征性DNA标鉴，有望用于黄连、黄柏等川产道地中药的鉴定。

1. 基于DNA条形码的贝母属种质资源鉴定

苏鹏等[21]采用PCR扩增技术获得8个贝母品种的*psb*A基因序列，结果显示8个贝母品种*psb*A序列长度在340~355 bp，G+C平均含量为34.7%，序列中1~9 bp与140~154 bp区域中存在碱基变异位点，其中暗紫贝母在141~154 bp处含有特征序列ACCATTTTTTTTA，有望用于暗紫贝母的分子鉴定。并且作者还认为，在鉴定川贝母时采用*psb*A序列分析的方法要优于ISSR分析，该方法较之于ISSR分析更为简便，成本低，具有更大的实用价值。汪波等[22]针对川贝母及非川贝母ITS1序列设计了10条特异探针，最低检测限度可达到掺伪10%，表明该方法可有效检出川贝母药材掺伪，并可反映市场药材掺伪比例。2012年，罗焜等[3]运用DNA条形码鉴定技术对川贝母药材5种不同基原植物物种和其余13个样本、10个物种进行了实验分析，结果发现ITS2的一级与二级结构能很好的区分川贝母及其混伪品。2014年，俞超等[23]扩增了8个贝母属21个样品的ITS1与ITS2序列，并比较了各样品DNA提取率、PCR扩增率及测序成功率，发现ITS1序列鉴定成功率为72.2%，而ITS2为100%，表明ITS2序列能够更准确鉴定不同贝母。高梓童等[24]基于ITS2序列对川贝母中成药进行鉴定，建立了包含贝母属208条ITS2序列的数据库，收集了市

售20份川贝中成药扩增其ITS2序列，对PCR产物克隆测序后进行BLAST比对，选取3份蛇胆川贝胶囊进行高通量测序，并利用单克隆和二代测序相结合的混合测序方法对3份中成药中川贝母再次鉴定，数据表明混合测序的3份蛇胆川贝胶囊中均不含川贝母，所以基于单克隆和二代测序辅助的方法可以准确对川贝母中成药进行鉴定，但DNA条形码鉴定仍存在局限。本实验室研究发现，依据ITS2序列构建的进化树能够将不同贝母属植物分为"北方贝母群"（包括平贝母与伊犁贝母）与"南方贝母群"（包括浙贝母、浓蜜贝母、中华贝母、康定贝母、长腺贝母和川贝母）。后者又可细分为浙贝母与"川贝母复合群"，其中"川贝母复合群"中的贝母品种具有相近的亲缘关系。这说明ITS2条形码序列不仅能够对川贝母及其部分近缘种进行快速、准确地鉴定，还能够清晰不同贝母种之间的亲缘关系[17]。

2. 基于DNA条形码的贝母属遗传多样性研究

ITS2序列不仅能够用于不同贝母属植物物种的鉴定，还能够反映不同居群间的遗传多样性。例如，来自青海西宁（暗紫贝母1、2号样品）与四川阿坝（暗紫贝母4、5号样品）的暗紫贝母形成了2个居群，它们存在较大的遗传变异，在进化树中距离较远。并且，来自相同地区的暗紫贝母与梭砂贝母亦存在居群内部的遗传变异，例如，来自青海西宁的3个暗紫贝母（暗紫贝母1、2与3号样品）与2个梭砂贝母（梭砂贝母1、2号样品）在进化树中并未聚在一起。我们的实验结果也发现来自青海西宁与四川阿坝的暗紫贝母形成了2个不同居群，存在较大的遗传变异[17]。

六、讨论与展望

（1）从贝母属植物种质资源鉴定与遗传多样性分析所利用的分子标记来说，目前主要集中于RAPD、SNP、AFLP、ISSR和DNA条形码等5种分子标记，而其他分子标记在贝母属遗传学和种质鉴定方面的运用甚少。究其原因，这可能与相关研究人员的选择倾向有关，一般大家都会选择最有效、最占优势的方法来进行研究工作，如RAPD、SNP与DNA条形码等标记技术，相对于其他分子标记技术的使用频率更高。

尽管不同分子标记技术基于不同的实验原理，但是取得的实验结果归根结底应追溯到不同贝母属植物之间的DNA差异，因此综合比较不同分子标记的数据，能够得到更准确的分析结果。例如，比较川贝母与非川贝母的亲缘关系时，RAPD、ISSR与DNA条形码均显示川贝母与浙贝母、平贝母、伊贝母及湖北贝母亲缘关系由近到远，其中川贝母与浙贝母同属南方贝母群，后几种贝母属于北方贝母群[23]。SNP结果显示川贝母复合群中，太白贝母的SNP变异最高，可能与其他贝母亲缘关系最远[18]。我们最近的实验亦支持太白贝母可能是川贝母复合群中最早分化的类型，这一结果与SNP结果吻合[17]。然而，不同分子标记技术均有各自优缺点。甚至相同技术也可能得到差异的结果，比如王果平等[14]的ISSR结果发现新疆贝母、伊贝和裕民贝母分为一类，额敏贝母为单独一类。而詹羽姣等[12]采用ISSR分析发现新疆贝母与伊犁贝母分为一类，额敏贝母与裕民贝母为另一类。因此，无论用哪种分子标记来研究贝母属植物，只要这种分子标记有效，我们都应该大量尝试，并反复使用，从而得到最终的准确结果。

（2）研究贝母属植物不同居群的遗传多样性能够在一定程度上反映资源现存的某种状态，从ISSR与AFLP的分析结果来看，伊贝母、浙贝母物种的遗传多样性较丰富，表明两种贝母资源较丰富、破坏较小[12]。遗传多样性或遗传差异与地理位置的差异有着高度相关性，来自相同地区的异种样本遗传差异会减小，推测是由于异种样本间产生了基因交流导致；而不同地区的同种样本遗传差异会增加，这可能是由于同种植物在不同地区产生了进化差异。李玉锋等[4]，黎开强等[10]与李庆等[9]均有类似结果的研究报道。

（3）在对不同方法的比较中，DNA条形码由于序列较短，降低了提取、扩增和测序的难度，有利于获取发生降解的样本序列片段，是现阶段内较适合作为药用植物大批量、快速鉴定的技术。适用于贝母鳞茎干片、粉末等市场流通样品的鉴定，鉴定川贝母正品与混伪品效果较为理想[21]。其中，ITS2条形码来源于核基因组，与*psb*A-*trn*H、*mat*K等叶绿体条形码比较，属于中度保守区域，其保守性表现为种间差异较为明显，因此用于鉴定川贝母正品与混伪品效果较为理想。然而ITS2序列在区分川贝母不同基原植物时难度较大，区分效果不明显，需要与其他条形码序列配合使用。

（4）依托植物基因组信息开发分子标记具有准确性高，重现性好的明显优势，也已在水稻、玉米等农作物中取得了喜人的研究成果。然而，由于贝母属植物基因组中含有大量的高度异质性、相对低丰度的重复序列，形成巨大基因组[26]，以现有的测序技术无法完成基因组测序，利用较低成本的功能基因组学（比如转录组）获其RNA信息，进而筛选合适的分子标记是一条可行的替代方法，现已迫在眉睫。

（5）针对分子标记技术的定量研究方面，目前仅王成等[5]利用TaqMan实时荧光PCR方法能够用于样品中川贝母的相对定量，但成本较高。

（6）分子鉴定技术与其他鉴定技术的结合。由于目前尚未有贝母属植物成熟的分子鉴定标准，因此建立以分子鉴定为主、形态鉴定和（或）化学鉴定为辅的鉴定体系，使得鉴定结果更加可靠[9]。

综上所述，分子标记技术的应用极大地促进了贝母属植物遗传学的发展，进一步加强分子技术的运用，加快贝母属植物种质资源鉴定与遗传多样性等方面的研究是贝母资源利用和保护的有效保障。

参考文献

[1] 徐彦，张吉仲，程昌敬，等. 川西高原地区多种贝母的植物资源研究[J]. 西南民族大学学报（自然科学版），2011（4）：617-620.

[2] 余世春，肖培根. 中国贝母属植物种质资源及其应用[J]. 中药材，1991（1）：18-23.

[3] 罗焜，马培，姚辉，等. 基于ITS2序列鉴定川贝母及其混伪品基原植物[J]. 世界科学技术（中医药现代化），2012，14（1）：1153-1157.

[4] 李玉锋，唐琳，陈放. 8种贝母的RAPD分析[J]. 中成药，2006，28（10）：1528-1529.

[5] 王成，常志远，兰青阔，等. 川贝母物种特异性TaqMan探针实时荧光定量PCR方法的建立[J]. 中国医药工业杂志，2018，49（11）：119-123.

[6] Xin G, Lam Y, Maiwulanjiang M, et al. Authentication of Bulbus *Fritillariae cirrhosae* by RAPD-derived DNA markers[J]. Molecules, 2014, 19（3）:3450-3459.

[7] 李敏，赵欣. 三种南方贝母的RAPD分析[J]. 浙江工业大学学报，2012，40（6）：635-637.

[8] 王伟，罗桂花，龚伯奇，等. 暗紫贝母RAPD反应体系的优化[J]. 广东农业科学，2011（7）：149-150.

[9] 李庆，陈新，王曙. 川贝母复合群之间的分子生物学亲缘关系的探讨[J]. 华西药学杂志，2010，25（2）：140-143.

[10] 黎开强，吴卫，郑有良，等. 川产贝母种质资源遗传多样性的ISSR分析[J]. 中国中药杂志，2009，34（17）：2149-2154.

[11] 张婕，李西文. 川贝母转录组中SSR位点信息分析[J]. 中国实验方剂学杂志，2018，24（18）：31-34.

[12] 詹羽姣，盛萍，姚蓝，等. 新疆贝母属8种药用贝母遗传多样性ISSR分析[J]. 中国野生植物资源，2015，34（4）：2-3.

[13] 刘晓贤，陈川，潘兰兰，等. 基于ISSR-PCR技术的浙贝母种质遗传分析[J]. 浙江大学学报（农业与生命科学版），2010，36（3）：246-254.

[14] 王果平，樊丛照，李晓瑾，等. 基于ISSR的新疆贝母属植物遗传多样性研究[J]. 中草药，2013，44（7）：887-890.

[15] 徐传林，李会军，李萍，等. 川贝母药材分子鉴定方法研究[J]. 中国药科大学学报，2010（3）：226-230.

[16] 孙丽媛，李盈诺，陈思秀，等. 中药材川贝母聚合酶链式反应法-限制性片段长度多态性分析的鉴别及应用研究[J]. 中国药学杂志，2018，53（23）：25-31.

[17] 郑辉，邓楷煜，陈安琪，等. 基于DNA条形码的川贝母及其近缘种的分子鉴定与亲缘关系研究[J]. 药学学报，2019，54（2）：2326-2334.

[18] 兰青阔，陈锐，赵新，等. 贝母属药用植物叶绿体基因组单核苷酸多态性位点生物信息学分析[J]. 食品安全质量检测学报，2018，9（17）：4527-4533.

[19] 徐金中，张红叶，马喜彦，等. 浙江主产区栽培浙贝母种质遗传多样性的AFLP分析[J]. 中草药，2010，41（1）：109-113.

[20] 陈士林，姚辉，韩建萍，等. 中药材DNA条形码分子鉴定指导原则[J]. 中国中药杂志，2013，38（2）：141-148.

[21] 苏鹏，胡莉，董品利. 八个川贝母品种的分类鉴定[J]. 西南农业学报，2014，27（6）：2559-2563.

[22] 汪波，周豫新，覃桂，等. 多重连接探针扩增技术检测川贝母掺伪的研究[J]. 药物分析杂志，2018，38（12）：68-73.

[23] 俞超，梁孝祺，陈金金，等. DNA条形码技术鉴定贝母属植物[J]. 中草药，2014，45（11）：1613-1619.

[24] 高梓童，王晓玥，刘杨，等. 基于ITS2序列的川贝母中成药的鉴定[J]. 中国科学（生命科学），2018（4）：482-489.

[25] 梁孝祺，陈金金，俞超，等. 贝母属植物的分类鉴定方法研究进展[J]. 环球中医药，2014，7（4）：308-312.

[26] Kelly L J, Renny-Byfield S, Pellicer J, et al. Analysis of the giant genomes of *Fritillaria* (Liliaceae) indicates that a lack of DNA removal characterizes extreme expansions in genome size[J]. New Phytol, 2015, 208(2):596-607.

第八章
川贝母基原植物分子标记的筛选

由于川贝母的疗效显著,市场需求量大,而川贝母多为野生,资源有限,价格昂贵,导致市场上出现了大量的近缘物种混伪品,其性状与川贝母相似但药效相差甚远,严重影响其临床安全和科研发展。仅凭传统生药学鉴定难度较大,因此开展川贝母及其近缘物种分子鉴定与亲缘关系研究,尤其是川贝母6种基原植物的分子标记研究已迫在眉睫。

一、基于DNA条形码的川贝母分子标记研究

2015版《中国药典》补充本增加川贝母的PCR-RFLP分子鉴别方法,其原理是川贝母的ITS1内部含有1个*Sma*I酶切位点,因此能够对PCR产物进行切割,而浙贝母与伊犁贝母等品种不含有*Sma*I酶切位点,所以根据是否在100~250 bp间出现两条条带来判断药材的真伪,然而该方法是否适用于所有川贝母的近缘种鉴定还有待进一步研究。

DNA条形码是一种利用基因组中一段公认标准的短序列来进行种间亲缘关系及物种鉴定的方法,是建立在PCR技术和DNA测序技术上的一种新型分子鉴定技术[1-4]。ITS2片段在物种水平的变异较快,有更多的突变位点以区分不同的物种[5]。2010年,陈士林提出了用ITS2序列作为药用条形码的通用序列。朱英杰等[5]采用ITS2序列对百合科重楼属植物取得了100%的鉴定效率,推测ITS2可能同样适用于百合科贝母属植物的分子鉴定。郝杰等[6]通过对181个甘草样品的ITS2序列进行遗传距离及NJ进化树分析,初步鉴定了国内疑似变异甘草植株和国外未鉴定到种的甘草样品与我国药用甘草的亲缘关系较近。*psbA-trnH*为叶绿体基因组中*psbA*基因与*trnH*基因的间隔区。杨培等[7]使用*psbA-trnH*序列对8种肉桂类药材进行鉴定,结果发现使用*psbA-trnH*序列能够准确将肉桂及其近缘

种鉴定出来。许谨等[8]使用psbA-trnH序列对34种禾本科稻属植物进行鉴定,结果发现栽培稻的psbA-trnH序列几乎没有碱基变异,而野生稻相对变异丰富,说明psbA-trnH序列不能将近缘物种分开,而是更适用于属间的鉴别。陈士林等[9]首次提出并建立了以ITS2为核心,psbA-trnH为辅的植物类药材DNA条形码鉴定体系。由此,本节首先通过川贝母及近缘种样本的ITS2与psbA-trnH序列来寻找能够用于川贝母及其近缘物种的分子鉴定方法,并以此探讨川贝母及其近缘物种的亲缘关系,为川贝母品种资源的合理利用奠定基础。

(一)材料

1. 实验材料

本实验的13种贝母属植物分别为暗紫贝母(*F.unibracteata*)、太白贝母(*F.taipaiensis*)、卷叶贝母(*F.cirrhosa*)、梭砂贝母(*F.delavayi*)、瓦布贝母(*F.wabuensis*)、甘肃贝母(*F.przewalskii*)、康定贝母(*F. cirrhosa* var.*ecirrhosa*)、浓蜜贝母(*F.mellea*)、中华贝母(*F.sinica*)、长腺贝母(*F. unibracteata* var.*longinectarea*)、浙贝母(*F.thunbergii*)、平贝母(*F. ussuriensis*)、伊犁贝母(*F.pallidiflora*)共34份样品(表8-1)。所有样品由西南交通大学生命科学与工程学院宋良科副教授与周嘉裕副教授鉴定。标本保存于西南交通大学生命科学与工程学院。

表8-1 供试材料

编号	样品名称	编号	采集(购买)地
01	中华贝母1	*F. sinica*1	青海省西宁市
02	中华贝母2	*F. sinica*2	青海省西宁市
03	梭砂贝母1	*F.delavayi*1	青海省西宁市
04	梭砂贝母2	*F. delavayi*2	青海省西宁市
05	瓦布贝母1	*F. wabuensis*1	青海省西宁市
06	瓦布贝母2	*F. wabuensis*2	青海省西宁市
07	瓦布贝母3	*F. wabuensis*3	青海省西宁市
08	甘肃贝母1	*F. przewalskii*1	青海省西宁市
09	甘肃贝母2	*F. przewalskii*2	青海省西宁市

续 表

编号	样品名称	编号	采集（购买）地
10	甘肃贝母3	*F. przewalskii*3	青海省西宁市
11	卷叶贝母1	*F. cirrhosa*1	青海省西宁市
12	卷叶贝母2	*F. cirrhosa*2	青海省西宁市
13	暗紫贝母1	*F. unibracteata*1	青海省西宁市
14	暗紫贝母2	*F. unibracteata*2	青海省西宁市
15	暗紫贝母3	*F. unibracteata*3	青海省西宁市
16	暗紫贝母4	*F. unibracteata*4	四川省阿坝州
17	暗紫贝母5	*F. unibracteata*5	四川省阿坝州
18	浓蜜贝母1	*F. mellea*1	青海省西宁市
19	浓蜜贝母2	*F. mellea*2	青海省西宁市
20	太白贝母1	*F. taipaiensis*1	青海省西宁市
21	太白贝母2	*F. taipaiensis*2	青海省西宁市
22	伊犁贝母1	*F.pallidiflora*1	青海省西宁市
23	伊犁贝母2	*F.pallidiflora*2	青海省西宁市
24	伊犁贝母3	*F.pallidiflora*3	青海省西宁市
25	平贝1	*F. ussuriensis*1	陕西省西安市
26	平贝2	*F. ussuriensis*2	陕西省汉中市
27	平贝3	*F. ussuriensis*3	云南省昆明市
28	浙贝1	*F. thunbergii*1	内蒙古呼伦贝尔市
29	浙贝2	*F. thunbergii*2	青海省西宁市
30	长腺贝母1	*F. unibracteata* var. *longinectarea*1	四川省阿坝州
31	长腺贝母2	*F. unibracteata* var. *longinectarea*2	四川省阿坝州
32	康定贝母1	*F. cirrhosa* var. *ecirrhosa* 1	四川省康定市
33	康定贝母2	*F. cirrhosa* var. *ecirrhosa* 2	四川省康定市
34	康定贝母3	*F. cirrhosa* var. *ecirrhosa* 3	四川省康定市

2. 试剂

植物基因组DNA提取试剂盒购自北京天根生化有限公司；*Sma*I限制内切酶购自宝日医生物技术有限公司；PCR扩增试剂盒（TaqPCR Mastermix）购自北京擎科新业生物技术有限公司；DL2000 Marker购自大连宝生物工程有限公司

3. 仪器

台式高速离心机（Effendorf），型号为5415R；PCR仪（ABI），型号为720；凝胶成像仪（Bio-Rad），型号为Universal Hood Ⅱ。

（二）方法

1. PCR-RFLP鉴定方法

（1）DNA提取

新鲜叶片样品称取100 mg，干燥鳞茎称取50~60 mg，用75%的酒精和无菌超纯水擦拭干净，加入液氮研磨成极细粉，采用北京天根生化有限公司的植物基因组DNA提取试剂盒提取样品总DNA。

（2）RFLP反应

按照2015版《中国药典》川贝母聚合酶链式反应-限制性内切酶长度多态性（PCR-RFLP）方法中的鉴别引物合成引物序列：正向引物：5'-CGTAACAACGTTCCGTAGGTGAA-3'；反向引物：5'-GCTACGTTCTTCATCGAT-3'。反应总体积为50 μL，反应体系包括TaqPCR 2×Mastermix 25 μL，正反引物各1 μL，模板DNA溶液2 μL，加入无菌超纯水21 μL；PCR扩增条件为：95℃预变性4 min，循环反应30次（95℃变性30 s，55℃复性30 s，72℃延伸30 s），72℃延伸5 min。使用北京天根生化有限公司的DNA纯化回收试剂盒对PCR扩增产物进行切胶回收，并使用微分光度计测纯化产物的浓度。

酶切反应总体系为20 μL，包括10×酶切缓冲液2 μL，*Sma*I（10 U·μL^{-1}）0.5 μL，加入浓度为700 ng的纯化产物，用无菌超纯水将体系补充到20 μL，酶切反应在30℃水浴反应2 h。PCR-RFLP反应产物使用琼脂糖凝胶电泳法进行检测，胶浓度为1.5%，电泳结束后使用凝胶成像仪进行观察。

2. DNA条形码鉴定

PCR扩增反应体系及条件参考陈士林等[9]方法。ITS2序列扩增引物为：ITS2-F：5'-ATGCGATACTTGGTGTGAAT-3'；ITS2-R：5'-GACGCTTCTCCAGACTACAAT-3'。*psbA-trnH*序列扩增引物为：psbA-F：5'-GTTATGCATGAACGTAATGCTCPCR-3'；psbA-R：5'-CGCGCATGGTGGATTCACAATCC-3'。反应体系包括：TaqPCR 2×Mastermix12.5 μL，正反引物各1 μL，模板DNA溶液2 μL，加入无菌超纯水至25 μL。ITS2序列的PCR扩增条件为：94℃预变性4 min，循环反应30次（94℃变性1 min，59℃退火30 s，72℃延伸1 min），72℃延伸7 min。*psbA-trnH*序列的PCR扩增条件为：94℃预变性5 min，循环反应30次（94℃变性30 s，58℃退火30 s，72℃延伸2 min），72℃延伸7 min。PCR扩增结束后，将PCR扩增产物使用浓度为1%的琼脂糖凝胶电泳法进行检测。将PCR产物送到成都擎科梓熙生物技术有限公司进行双向测序。

3. DNA条形码数据处理及分析

对所获得的原始序列，采用CExpressi软件对序列拼接并校对。采用基于隐马尔科夫模型的HMMer注释方法去除5.8S和28S序列，得到准确的ITS2间隔区序列[10]；测序所得的*psbA-trnH*序列峰图使用Seqman软件进行校对拼接，去除引物区和低质量区，获得*psbA-trnH*序列。使用MEGA 5.0软件进行序列对比分析，比较全部样品的序列保守位点、变异位点、简约信息位点，基于K2P（Kimura 2-Parameter）双参数模型计算种内种间距离，使用NJ（Neighbor Joining）法构建系统进化树，设置bootstrap为1000次重复。

（三）实验结果与分析

1. RFLP-PCR结果

PCR-RFLP结果如图8-1所示，浙贝、平贝与伊犁贝母的PCR产物经*Sma*I酶切后未在100~250 bp间出现2条条带；6种川贝母基原植物的PCR产物酶切后得到2条条带，其分子量处在100~250 bp间，因此，通过《中国药典》的PCR-RFLP分子鉴定方法能够有效区分川贝母与浙贝、平贝及伊犁贝母。然而，康定贝母、长腺贝母、中华贝母与浓蜜贝母也同样显示出2条条带，且片段大小与6种川贝母基原植物几乎相等[图8-1中（c）的1、2、3泳道，6、7泳道；（d）的1、2泳道；（e）的4、5泳道]。

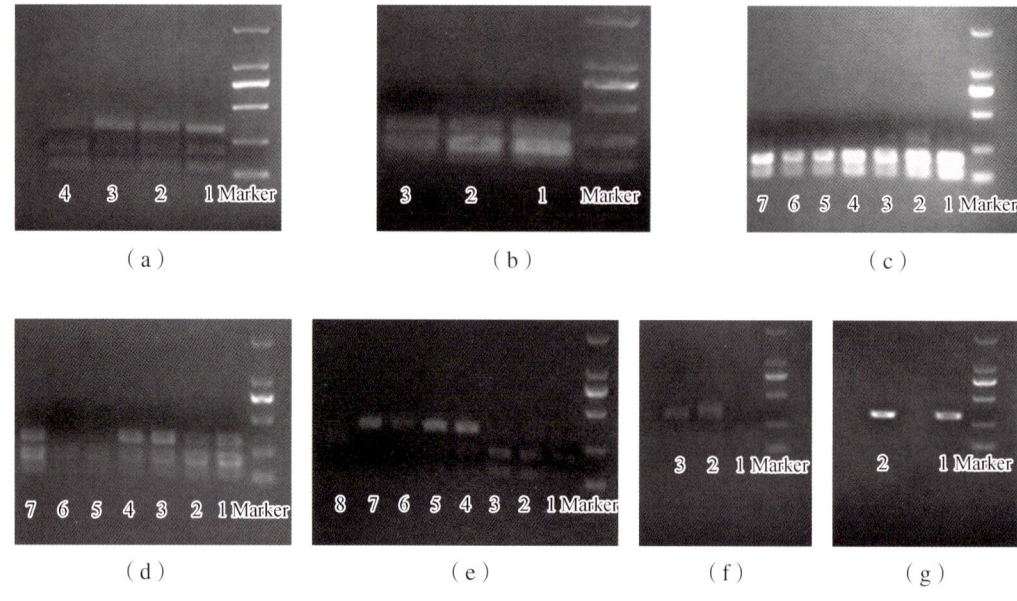

图8-1 不同贝母属植物的PCR-RFLP酶切电泳结果

注：（a）1~2：川贝母，3~4：太白贝母；（b）1~3:甘肃贝母；（c）1~3:康定贝母，4~5：暗紫贝母，6~7：长腺贝母；（d）1~2：中华贝母，3~4：梭砂贝母，5~7：瓦布贝母；（e）1~3：暗紫贝母，4~5：浓蜜贝母，6~8：伊犁贝母；（f）1~3：平贝母；（g）1~2:浙贝母

尽管部分片段因为含量高低在琼脂糖凝胶成像中显示模糊，但并不影响观察。随后对康定贝母、长腺贝母、中华贝母及浓蜜贝母的PCR扩增产物进行测序，发现产物序列第102位至107位碱基为 *Sma* I 酶切位点，从而导致这几种贝母与川贝母基原植物具有相同的酶切图谱（图8-2）。康定贝母、长腺贝母、浓蜜贝母等川贝母的近缘物种，在地理分布上与川贝母基原植物交叉重叠，川贝母的主产区四川省交叉分布尤为集中，采挖过程中药农很难将其与川贝母进行准确鉴定区分，导致这些品种流入药材市场[11]。而采用药典的分子鉴定方法并不能有效鉴别药典收载基原与这几个近缘物种，还需进一步寻找更有效的分子标记。

```
                                        102    107
F.unibracteata.var.longinectarea  TATGCCCGCCCTGCCCGGGACCTCGCATCGTG
F.cirrhosa var.ecirrhosa          TATGCCCGCCCTGCCCGGGACCTCGCATCGTG
F.mellea                          TATGCCCGCCCTGCCCGGGACCTCGCATCGTG
F.sinica                          TATGCCCGCCCTGCCCGGGACCTCGCATCGTG
```

图8-2 长腺贝母（*F. unibracteata* var. *longinectarea*）、康定贝母（*F. cirrhosa* var. *ecirrhosa*）、浓蜜贝母（*F. mellea*）和中华贝母（*F. sinica*）的部分ITS序列

（红色区域为*Sma*I酶切位点）

2. ITS2与 *psbA-trnH* 序列特征及种间、种内遗传距离分析

全部样品的ITS2序列长度为235~239 bp，GC含量为67%~72%，*psbA-trnH*序列的长度为337~373 bp，GC含量为33%~36%。应用MEGA5.0软件对所有样品的ITS2和*psbA-trnH*序列进行多序列对比，ITS2序列保守位点219个，变异位点20个，简约信息位点18个，分别占总序列长度的91.63%、8.37%和7.53%；*psbA-trnH*序列保守位点为354个，变异位点112个，简约信息位点106个，分别占总序列长度的74.44%、23.53%和22.27%。

参照陈士林等[1]的方法，使用MEGA5.0软件计算所有ITS2和*psbA-trnH*序列的种间、种内的遗传距离，基于K2P（Kimura2-parameter）距离模型，计算种间、种内遗传距离，ITS2序列的种间平均遗传距离为0.022，种内平均遗传距离为0.001；*psbA-trnH*序列的种间平均距离为0.329，种内平均遗传距离为0.263。统计分析样品种间及种内遗传距离，画出遗传距离分布柱状图（图8-3），从图可以看出ITS2序列的遗传距离集中在0~0.06，种内遗传距离高度保守，在0区域占84%。而*psbA-trnH*序列的种内与种间距离分布重叠度较高，在0.5~0.9区域仍有分布，在0区域仅占17%。所以ITS2序列保守稳定，更适合作为贝母属植物鉴定的条形码序列。

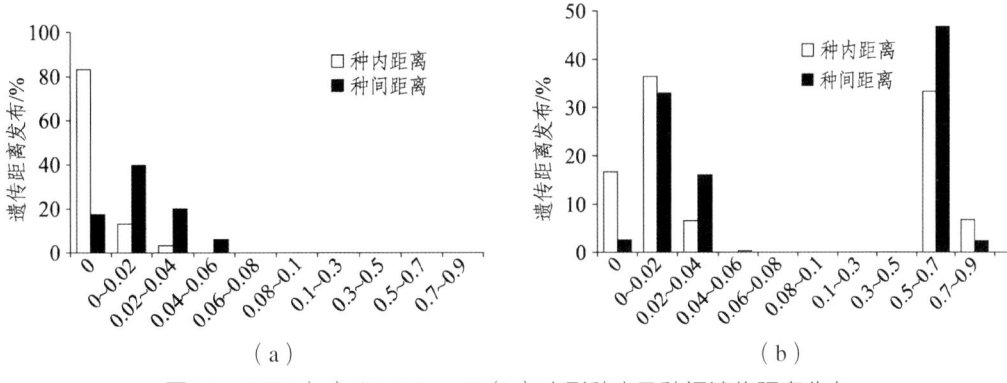

图8-3 ITS2（a）和*psbA-trnH*（b）序列种内及种间遗传距离分布

3. ITS2序列与 *psbA-trnH* 序列NJ进化树分析

分别构建不同种属不同产地贝母样品的ITS2序列与*psbA-trnH*序列系统发育树并对建树所用的序列进行对比（图8-4、图8-5）。ITS2序列进化树将所有贝母样品分为南方贝母群与北方贝母群等2个簇，南方贝母群包括暗紫贝母、长腺贝母、康定贝母、甘肃贝母、瓦布贝母、梭砂贝母、浓蜜贝母、川贝母、中华贝母、浙贝母，北方贝母群包括伊犁贝母和平贝母；南方贝母群又分为浙贝母与川贝母复合群，川贝母复合群中太白贝

母单独为一支,其他贝母为另一分支。ITS2构建的进化树能将川贝母复合群与伊犁贝母、浙贝母、平贝母有效分离鉴定,同时显示长腺贝母、中华贝母、浓蜜贝母与川贝母的亲缘关系较近。

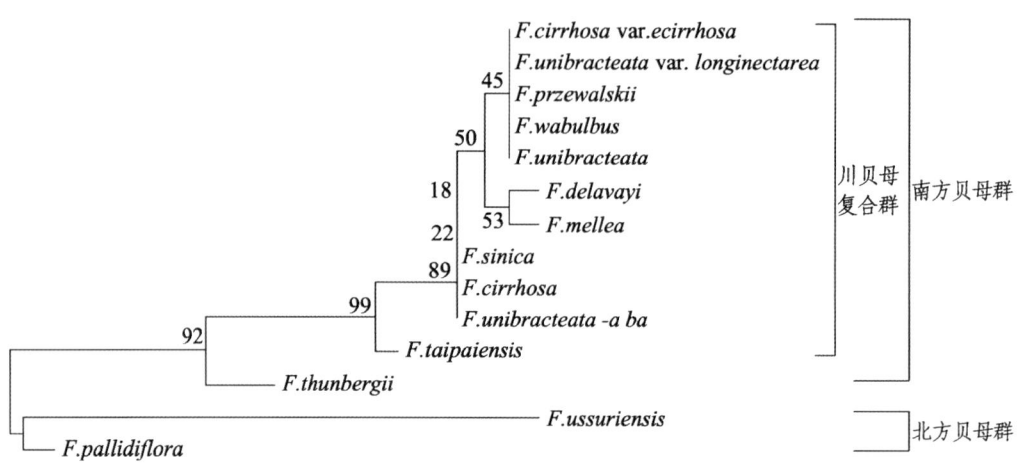

图8-4 基于ITS2序列构建的NJ树

*psbA-trnH*序列进化树也将贝母样品分为两大簇,第一大簇包括暗紫贝母、长腺贝母、太白贝母、甘肃贝母、中华贝母、伊犁贝母、浓蜜贝母和康定贝母,第二簇包括瓦布贝母、平贝母、浙贝母、川贝母、梭砂贝母等,*psbA-trnH*序列构建的进化树对贝母样品的分离效果不是很好。

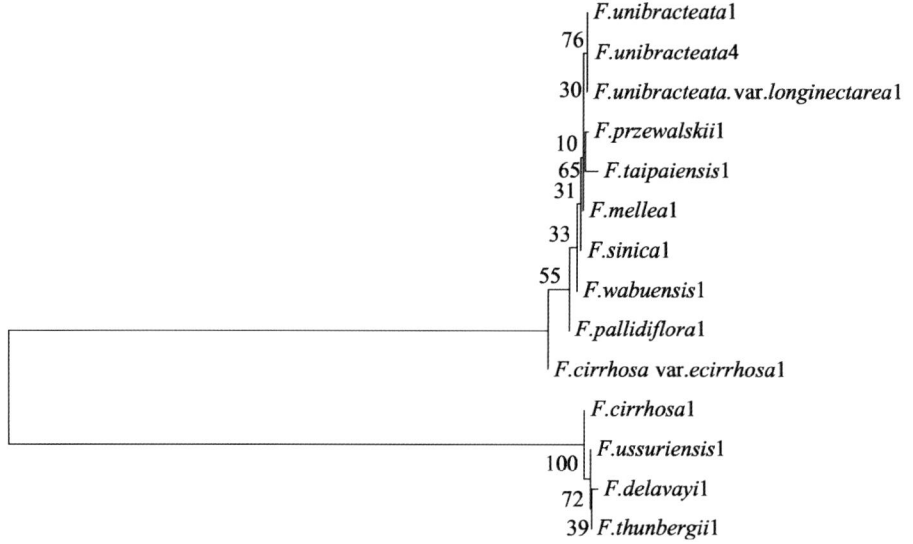

图8-5 基于*psbA-trnH*序列构建的NJ树

(四)讨论

从分子遗传学角度来看,物种表现型的差异归根结底应追溯到DNA上的差异,而且这种差异不受外界环境和个体差异的影响。因此,比较DNA序列差异为植物鉴定与遗传多样性研究提供了本质依据。随着生命科学技术不断取得重大突破,应用分子标记技术鉴定中药基原植物及饮片取得了快速发展。

首先采用《中国药典》方法分析13种贝母属植物的PCR-RFLP结果,结果显示该方法对平贝母、浙贝母与伊犁贝母的鉴定效果符合预期。然而,长腺贝母、康定贝母、中华贝母与浓蜜贝母均含有*Sma*I酶切位点,致使它们与6种川贝母基原植物的PCR-RFLP图谱相同,无法区分。由于*Sma*I酶切位点及其上下游DNA序列的保守性,推测长腺贝母、康定贝母、中华贝母、浓蜜贝母与6种川贝母基原植物可能有较近的亲缘关系。为了验证这一推测,并探讨这13种贝母属植物的遗传差异,本实验进一步扩增出ITS2与*psbA-trnH*序列,计算遗传距离,并构建系统进化树。结果表明,与*psbA-trnH*条形码比较,ITS2条形码能准确区分川贝母、浙贝母、平贝母与伊犁贝母,并将六种川贝母基原植物聚类在一起,验证了药典的正确性,表明ITS2在贝母属植物的鉴定中有更大的优势。ITS2将不同贝母属植物区分为"北方贝母群"与"南方贝母群",前者包括平贝母与伊犁贝母,后者主要由川贝母与浙贝母组成,这个结果与俞超等[12]的结果吻合。然而ITS2尚无法完成暗紫贝母、甘肃贝母、瓦布贝母、川贝母的分子鉴定,例如暗紫贝母1、暗紫贝母2、暗紫贝母3、甘肃贝母1、甘肃贝母2、甘肃贝母3与瓦布贝母1、瓦布贝母2、瓦布贝母3的序列相似度为100%,川贝母1、川贝母2、梭砂贝母2与暗紫贝母4和暗紫贝母5的序列相似度为100%;推测贝母属植物可能起源于同一祖先物种,该祖先物种在进化过程中首先分化产生"北方贝母群"与"南方贝母群",随后后者分化产生浙贝与"川贝母复合群"。由于"北方贝母群"与"南方贝母群"的分歧时间较早,ITS2序列变异较大;而"川贝母复合群"分歧时间较近,导致部分川贝母的ITS2变异程度较低甚至未发生变异。伊犁贝母与川贝母复合群的亲缘关系最远,平贝母稍近,浙贝母最近,陆含等[13]的研究也支持上述结果。在"南方贝母群"中,川贝母形成了一个庞大的分类复合群,包括了长腺贝母、康定贝母、中华贝母、浓蜜贝母与6种川贝母基原植物,多个川贝母物种呈多物种交错排列,推测此川贝母复合群可能是处于激烈分化的物种形成阶段,其遗传变异可能受到了地理分布、品质与形态的影响,此推论与肖培根等[14]的讨论相符。在川贝母复合群中,太白贝母与其他川贝母物种并无聚类,单独成为一支,该分类结果验证了罗毅波等[15]的推测，太白贝母与川贝母亲缘关系虽近，但却是单独一个物种。暗紫贝母与长腺贝母靠得最近，表明它们亲缘关系最近，这一结果与《四川植物志》记载一致，长腺贝母属于暗紫贝母的变种，其主要特征与暗紫贝母大部分一致，仅蜜腺稍长。徐彦等[16]认为康定贝母与暗紫贝母或卷叶贝母有相近的亲缘关系，本文的聚类结果显示康定贝母与暗紫贝母、长腺贝母更为接近，而距卷叶贝母较远，造成这一结果的原因可能有2个，第1个原因是康定贝母与暗紫贝母亲缘关系更近，从形态上比较，康定贝母与暗紫贝母有明显相似的特征，例如它们均含1个苞片、叶尖不卷曲或少卷曲，而卷叶贝母含3个苞片、叶尖卷曲。第2个可能原因是地理分布因素，本文中卷叶贝母采集于青海省西宁市，康定贝母采集于四川省康定市，两地距离较远，造成了基因流向阻碍，产生了单独进化，导致遗传相似度下降。系统进化树还显示，甘肃贝母与暗紫贝母高度相似，但它们之间有一些过渡群，例如长腺贝母与康定贝母，这一结果与黎开强等[17]的推测一致，他们比较了甘肃贝母、暗紫贝母与卷叶贝母的鳞茎形态与大小，认为甘肃贝母与暗紫贝母更相近。瓦布贝母显示出与甘肃贝母及暗紫贝母具有较近的亲缘关系，其结果与李庆等[18]的川贝母RADP分析结果相同。苏鹏等[19]发现ISSR将浓蜜贝母与梭砂贝母聚在一起，本研究中亦发现2个浓蜜贝母样品与梭砂贝母1号样品聚在一起。然而，梭砂贝母在形态上与浓蜜贝母变化很大，这可能是由于ITS2序列与贝母形态的形成与发生无直接关联。肖培根等[14]亦发现贝母属植物的遗传关系很复杂，极有可能出现形态学变化较大但化学成分或遗传物质比较一致的现象。本研究首次发现中华贝母出现在川贝母复合群中，尽管其与梭砂贝母、卷叶贝母及暗紫贝母联在一起，但仍有较大的遗传距离，这可能与它们均处在横断山区有关。

ITS2序列不仅能够用于贝母属不同植物物种的鉴定，还能够反映不同居群间的遗传多样性。例如，来自青海西宁（暗紫贝母1、2号样品）与四川阿坝（暗紫贝母4、5号样品）的暗紫贝母形成了2个居群，它们存在较大的遗传变异，在进化树中距离较远。并且，来自相同地区的暗紫贝母与梭砂贝母亦存在居群内部的遗传变异，例如，来自青海西宁的3个暗紫贝母（暗紫贝母1、2与3号样品）与2个梭砂贝母（梭砂贝母1、2号样品）在进化树中并未聚在一起。

（五）小结

采用PCR-RFLP与DNA条形码鉴定方法对34份贝母样品进行鉴定，发现长腺贝母、康定贝母、浓蜜贝母与中华贝母位于川贝母复合群中，与6种川贝母基原植物有较近的亲缘关系，无法通过PCR-RFLP鉴定，急需补充其他类型分子标记；ITS2能够将川贝母、浙贝母、平贝母与伊犁贝母分开，并且有效聚类6种川贝母基原植物，其鉴定效果优于psbA-trnH序列；然而ITS2尚无法完成暗紫贝母、甘肃贝母、瓦布贝母、川贝母的分子鉴定。多分子标记的联合使用是一种可行解决方法；同时，依托川贝母功能基因组信息，以筛选特异性更高的分子标记也是本实验室下阶段的研究重点。

二、基于ITS1的太白贝母特异TaqMan-MGB实时荧光探针分子标记研究

TaqMan-MGB标记技术在传统TaqMan探针的基础上，用MGB基团修饰3'末端非荧光猝灭基团，能够在不增加探针碱基数的情况下，将探针的T_m值提高10℃以上，从而提高特异性并更容易设计[20,21]。此外，TaqMan-MGB的3'末端标记有非荧光猝灭基团，可减少荧光背景并提高信噪比。此法的特异性引物对和特异性探针序列可双重保障反应的特异性，操作简便、快捷、重复性好、相较常规PCR更具应用与推广价值[22]。分析太白贝母等13种不同贝母的ITS1序列，发现太白贝母含有专属性的"ATA"序列，可作为鉴定太白贝母的特异性标记。基于该"ATA"序列，设计实时荧光PCR引物与TaqMan-MGB探针，建立准确、快速鉴定太白贝母的实时荧光PCR方法，可为太白贝母资源的合理开发、中药材市场的管理和中药生产企业的原料监管提供技术支撑。

（一）实验材料

1. 植物材料

六种川贝母基原植物、中华贝母（*F. sinica*）、浓蜜贝母（*F. mellea*）、伊犁贝母（*F. pallidiflora*）与浙贝母（*F. thunbergii*）采自青海省西宁市互助县；康定贝母（*F. cirrhosa* var. *ecirrhosa*）采自四川省康定市；平贝母（*F. ussuriensis*）采自陕西汉中；新疆贝母（*F. walujewii*）由中国科学院苏志豪研究员与天津理工大学刘明玉教授馈赠。湖北贝母（*F. hupehensis*）药材购自中国食品药品检定研究院，批号：120962-201005；川贝母（松贝、青贝与炉贝）、浙贝母与平贝母药材购自成都荷花池中药材市场；伊贝母药材购自新疆伊犁。所有基原植物及药材由西南交通大学生命科学与工程学院周嘉裕副教授鉴定，并保存于生命科学与工程学院。

2. 仪器和试剂

LightCycler 96实时荧光定量PCR仪（Roche）、DYY-6C型电泳仪（北京六一生物科技有限公司）、多功能酶标仪（美国Bio-Tek）、Veriti 96-Well Thermal Cycler PCR仪（Thermo Fisher）。植物DNA提取试剂盒（DP305）购自北京天根生化有限公司，DL2000 DNA Marker、2×T5 Fast qPCR Mix（Probe）、Agarose、核酸缓冲液（TAE 1×）、2×Master Mix与核酸染料（TS-GelRed）均购自北京擎科生物科技有限公司。

（二）实验方法

1. 基于ITS1区序列的系统进化树分析及引物设计

从NCBI（https://www.ncbi.nlm.nih.gov/）下载太白贝母等13种不同贝母的ITS1序列（表8-2）。采用MEGAX软件（Version 7）构建NJ系统进化树，重复次数为1 000。利用DNAMAN软件（Version 6）进行序列比对，筛选太白贝母的特异性碱基序列。

表8-2　13种贝母ITS1序列登录号

种类	登录号
F. unibracteata	KT861541.1
F. delavayi	KP711999.1
F. cirrhosa	KT861548.1
F. taipaiensis	KT861551.1
F. przewalskii	KT861534.1
F. unibracteata var. wabuensis	KX669649.1
F. sinica	KF906211.1
F. mellea	KF906209.1
F. pallidiflora	KY884644.1
F. thunbergii	DQ191622.1
F. ussuriensis	MG946146.1
F. walujewii	MG946163.1
F. hupehensis	KF906203.1

利用Primer Premier（Version 6），设计正向、反向引物和TaqMan-MGB探针，并由北京擎科生物科技有限公司合成，核酸序列信息见表8-3。

表8-3　引物及探针序列

引物名称	序列	T_m/℃
Forward primer	5′-CCCGTAAACGGATGACAC-3′	54
Reverse primer	5′-ATATGTTCCTTGGCGCAG-3′	53
TaqMan-MGB	5′-FAM-TCTCTCATAGCACGAT-MGB-3′	48

2. 基因组DNA提取

分别取太白贝母等样品的干燥叶片与市售药材样品各约50~60 mg，75%的酒精和无菌水洗净，晾干，液氮研磨，采用植物基因组DNA提取试剂盒（DP305）提取基因组DNA。Bio-Tek酶标仪检测DNA的浓度。

3. 常规PCR反应体系

常规PCR反应体系：2×Master Mix 12.5 μL，正、反向游引物（10 μmol·L^{-1}）各1.0 μL，DNA模板2.0 μL，用灭菌水补足至总体积25 μL。

常规PCR反应参数：95℃预变性10 min，1次循环；95℃变性30 s，58℃退火30 s，72℃延伸50 s，共计35次循环；72℃延伸7 min。1.5%琼脂糖电泳检测PCR产物。

4. TaqMan-MGB实时荧光PCR反应体系

实时荧光PCR反应体系为：2×T5 Fast qPCR Mix（Probe）为10.0 μL，正向与反向引物（浓度为10 μmol·L^{-1}）各1.0 μL，DNA模板2.0 μL，TaqMan-MGB探针1.0 μL，用灭菌水补足至总体积20 μL。

实时荧光反应条件参数：95℃预变性2 min，1次循环，95℃变性10 s，56℃退火60 s，共计40次循环。

5. TaqMan-MGB实时荧光PCR最低灵敏度

选取太白贝母基因组DNA样本，用灭菌水10倍稀释成7个梯度，每个浓度梯度各取2 μL作为模板，按照"TaqMan-MGB实时荧光PCR反应体系"方法进行灵敏度检测。

6. TaqMan-MGB实时荧光PCR的特异性

取太白贝母等不同贝母样品的基因组DNA。按照"TaqMan-MGB实时荧光PCR反应体系"进行实时荧光PCR扩增，利用实时荧光PCR仪自带软件进行扩增数据分析。

（三）结果与分析

1. 13种贝母ITS1的系统进化树与序列比对结果

系统进化树显示（图8-6）6种川贝母与浓蜜贝母、中华贝母等形成单系群，其中太白贝母与其余贝母品种构成姐妹群，亲缘关系较远，表明太白贝母是分化较早的贝母品种，推测太白贝母与其余贝母品种在ITS1区域有较高的变异性。

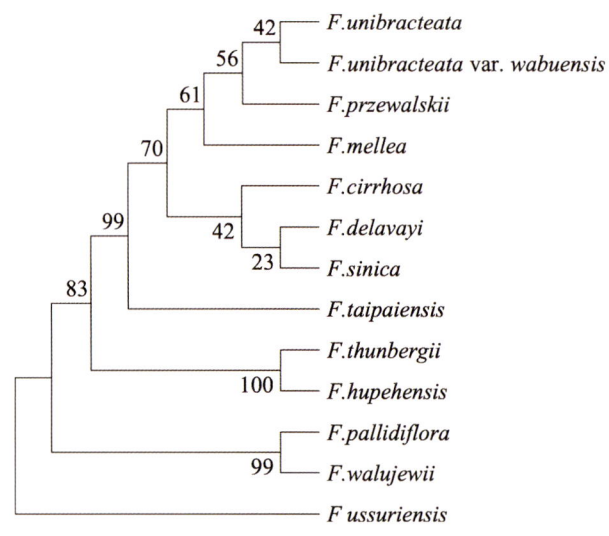

图8-6　13种贝母基于ITS1序列的系统进化树

随后，比对不同贝母的ITS1序列，发现太白贝母ITS1区域的98到100碱基位置存在特异性的"ATA"碱基序列（图8-7），并以该"ATA"序列为核心，设计MGB探针、正向与反向实时荧光PCR引物，探针及引物位置如图8-7所示。

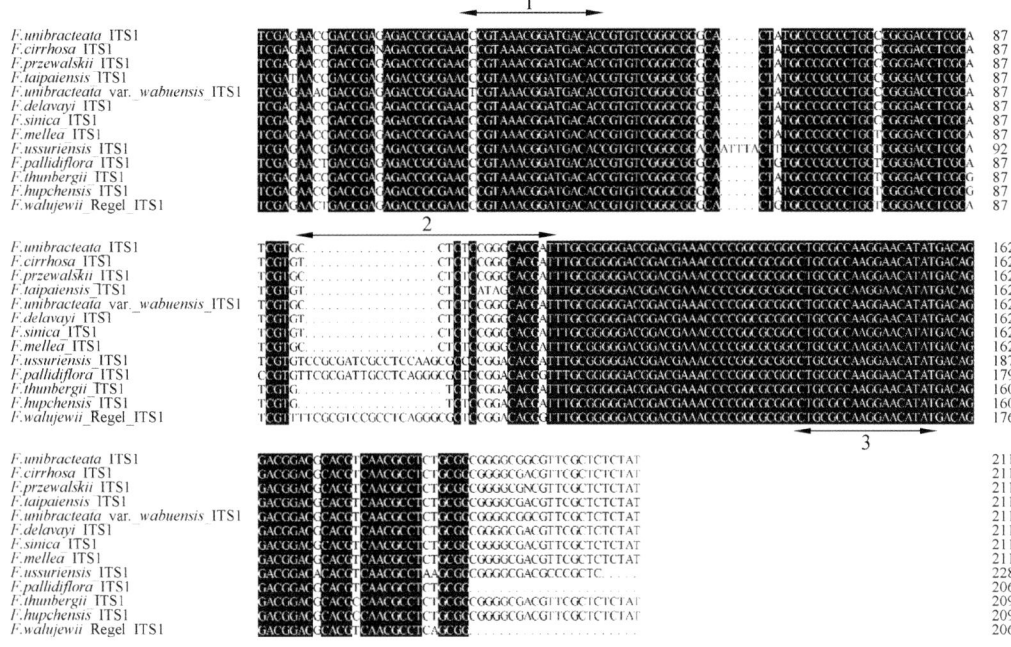

图8-7 13种贝母ITS1序列比对

1—正向引物位置；2—TaqMan-MGB探针位置；3—反向引物位置。

2. 常规PCR扩增反应结果

开展实时荧光PCR实验之前，采用常规PCR扩增所有贝母样品的ITS1区域，结果显示所有贝母样品均能扩增出预期分子大小的PCR产物，表明ITS1序列正确，引物设计合理（图8-8）。随后，对太白贝母的PCR扩增产物进行测序，进一步确认太白贝母的ITS1区域在相对应的位置上存在"ATA"碱基序列。

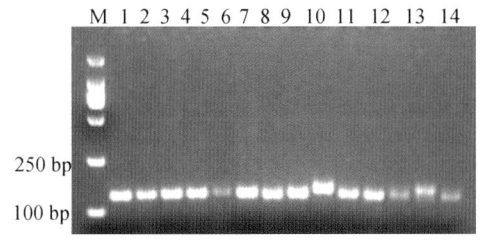

图8-8 常规PCR扩增结果

M—DNA Marker（DL2000）；1~14分别为暗紫贝母、梭砂贝母、川贝母、太白贝母、甘肃贝母、瓦布贝母、中华母、康定贝母、伊贝母、浓蜜贝母、浙贝母、平贝母、新疆贝母、湖北贝母。

3. 实时荧光PCR扩增反应条件的探索

（1）最适T_m值

设置T_m值分别56℃，57℃，58℃，59℃，60℃，61℃和62℃几个梯度，进行PCR扩增，结果如图8-9所示，7个退火温度下，太白贝母都有特异性荧光扩增曲线，当T_m值较低（56~59℃）或较高（62℃）时，出现低强度的非特异性荧光扩增曲线，结合对应的循环定量值（Cq）值（表8-4）发现当T_m值为60℃和61℃时，实时荧光PCR结果的特异性最高（61℃的荧光强度略高），因此，确定最适T_m值区间为60℃与61℃。

表8-4　不同T_m值下各贝母的扩增曲线的Cq值

T_m/℃	Cq*
56	12.83, 13.07, 12.37, 26.06（平贝母），26.96（湖北贝母）
57	14.58, 13.48, 14.67
58	13.29, 13.48, 13.68
59	12.93, 14.22, 14.01, 24.13（湖北贝母）
60	14.20, 14.03, 14.07
61	12.63, 12.50, 12.56

*每个T_m值太白贝母样品重复三次

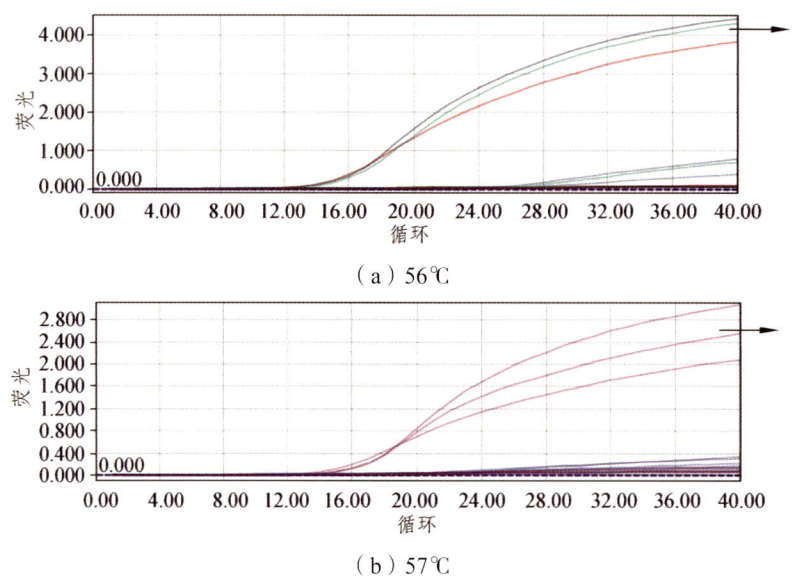

（a）56℃

（b）57℃

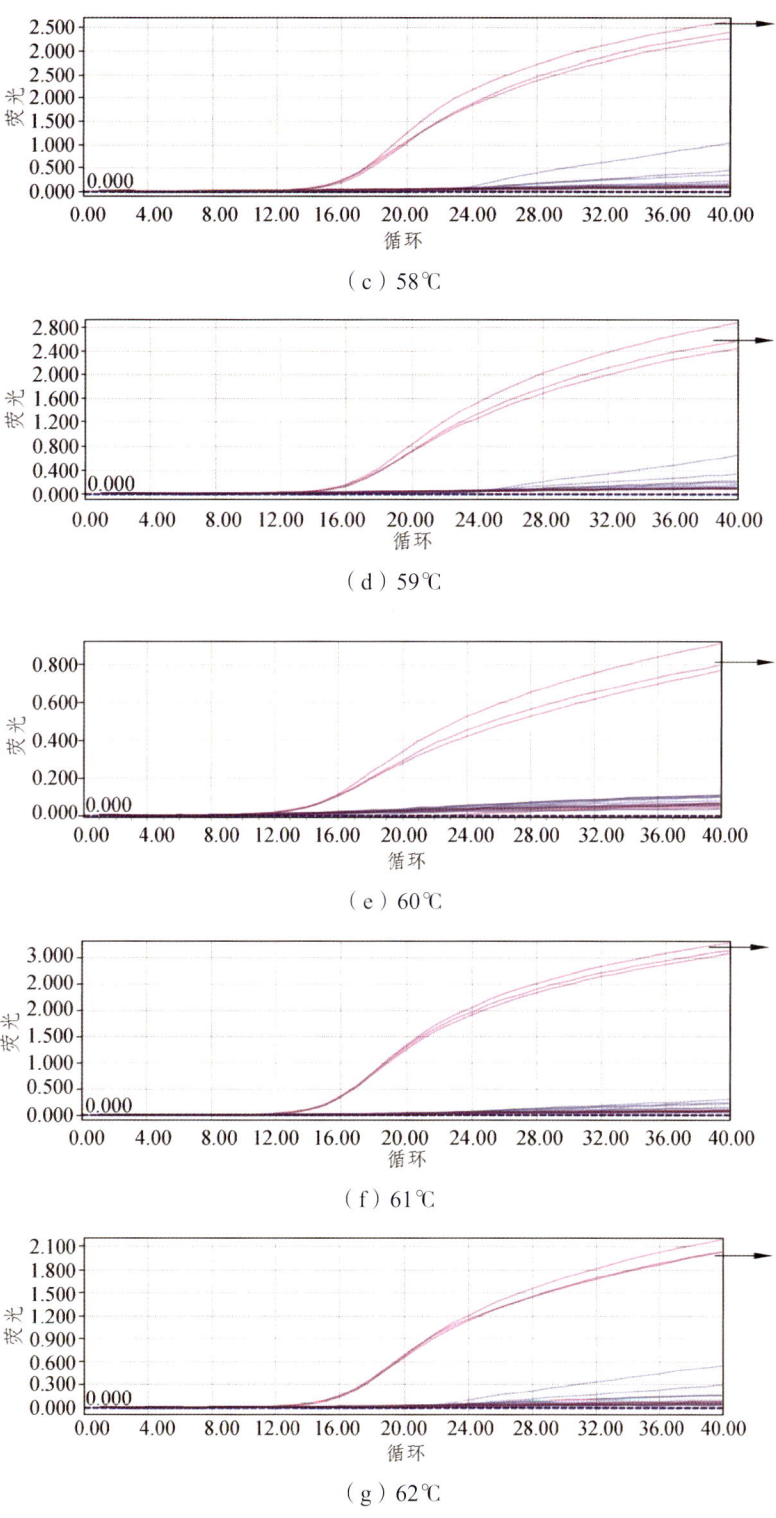

图8-9 不同 T_m 值荧光PCR扩增

(箭头为特异荧光扩增曲线)

（2）TaqMan-MGB探针的灵敏度

太白贝母DNA样本的初始浓度为238.54 ng·μL^{-1}，随后将其稀释到23.854、2.385 4、0.238 54、0.023 85、0.002 39、0.000 24与0.000 02 ng·μL^{-1}等8个浓度梯度。实时荧光PCR扩增结果显示TaqMan-MGB探针可检测出的最低浓度为0.002 39 ng·μL^{-1}（图8-10），表明该探针检测的灵敏度较高。不同浓度DNA模板的C_q值见表8-4。

表8-4　不同DNA模板浓度下的 C_q 值

DNA模板浓度（ng·μL^{-1}）	C_q
238.54	11.91
23.854	16.09
2.385 4	19.67
0.238 54	23.46
0.023 85	25.19
0.002 39	25.76
0.000 24	26.29
0.000 02	26.60

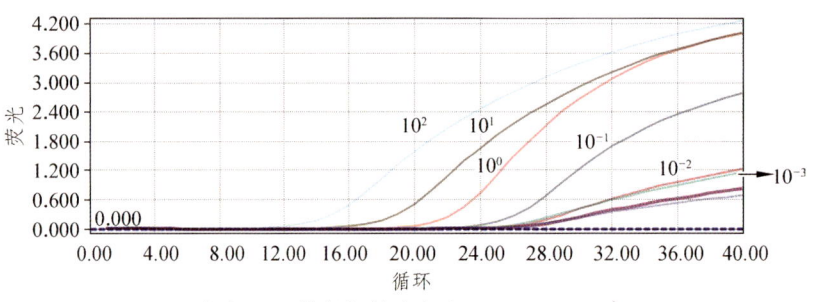

（a）DNA模板初始浓度为238.54 ng·μL^{-1}

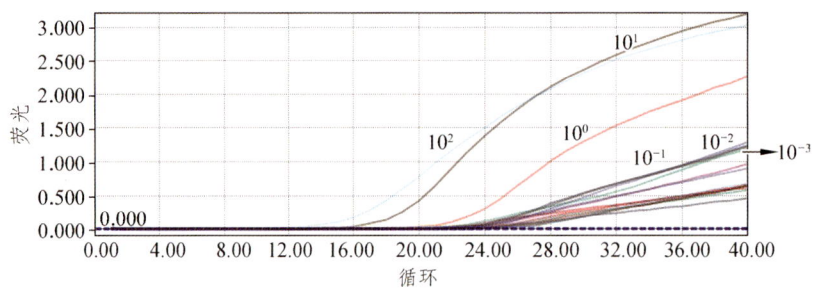

（b）DNA模板初始浓度为238.54 ng·μL^{-1}

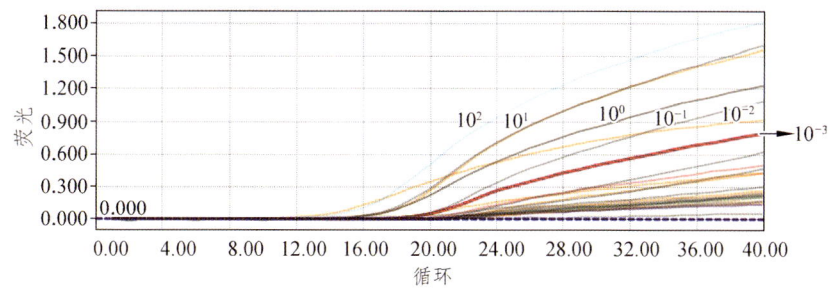

（c）不同DNA模板的灵敏度

图8-10　TaqMan-MGB探针灵敏度探究

4. TaqMan-MGB探针特异性

以14种贝母为试样，将DNA模板浓度控制在100~150 ng·μL^{-1}区间，进行Taqman-MGB实时荧光PCR（T_m值为61℃），结果仅有太白贝母出现扩增曲线（图8-11），表明该方法具有较高的特异性。

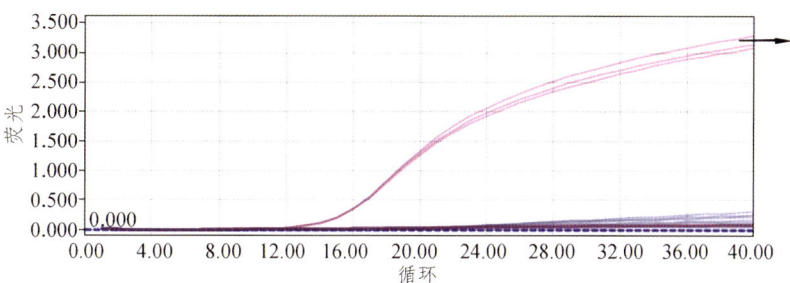

图8-11　14种贝母TaqMan-MGB探针实时荧光PCR的检测

5. 对市售药材的鉴定

使用TaqMan-MGB实时荧光PCR法鉴定购买的药材（松贝、青贝、炉贝、浙贝、平贝、伊贝母、湖北贝母），并以太白贝母为标准品，结果显示仅有太白贝母标准品产生特异性荧光曲线，其余药材均无扩增曲线，表明所购药材基原不是太白贝母（图8-12）。

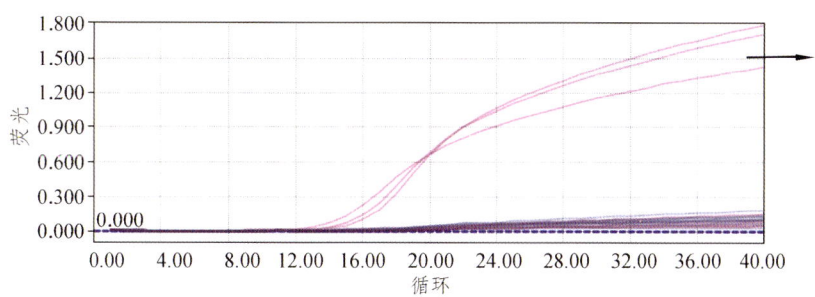

图8-12　TaqMan-MGB探针实时荧光PCR检测7种贝母类药材和太白贝母标准品

（四）讨论

筛选特异性分子标记是建立准确、高分辨率分子鉴定方法的首要前提[23]。相较于基因编码区，ITS位于核基因组中编码核糖体rRNA基因的间隔区，受到的选择压力较小，进化速率较快，常用于研究属间、种间甚至居群间等较低分类等级的系统发育关系[24]。ITS包括ITS1与ITS2，其中ITS2是5.8S rRNA基因与28S rRNA基因间的内转录2区。陈士林等[9]提出以ITS2为主，$psbA$-$trnH$序列为辅的药用植物DNA条形码鉴定策略。本课题组分析不同贝母的ITS2序列，结果显示太白贝母与其他川贝母在ITS2区域只相差1个碱基，相似度过高，形成特异性分子鉴定方法有一定的难度[25]。相较于ITS2，ITS1是18S rRNA基因与5.8S rRNA基因间的内转录1区，其序列长度更长，产生的变异更多[26]。例如，贠凯祎等[27]利用冬虫夏草及其混伪品在ITS1区域的差异，建立了特异鉴定冬虫夏草的TaqMan方法。从结果1中发现太白贝母与其他川贝母品种构成姐妹群，亲缘关系较远，表明太白贝母可能在较早时间即与其他川贝母品种产生了分化，这与郑辉等[25]基于ITS2序列的系统分类结果相似。导致这种现象的原因可能与太白贝母独特的生境相关，太白贝母是川贝母中唯一能在低海拔地区（<2 000 m）生长的品种，环境的差异可能导致遗传物质发生变异。为考察该"ATA"序列的稳定性，比对了NCBI中已有的10条太白贝母ITS1序列（序列号分别为MH588425.1、MH588424.1、MH588423.1、MH588422、MH588421.1、KT861553.1、KT861552.1、KT861551.1、KP712002.1与HM045470.1），结果发现所有序列均含有"ATA"碱基序列，结合进一步的Sanger测序，表明该碱基序列稳定性比较好，适合用于下一步的qPCR实验验证。

由于太白贝母ITS1区域中"ATA"碱基序列的上下游含有较多的AT碱基，导致初始探针的T_m值较低（48℃），但该探针连接MGB基团以后，其最终T_m值超过实时荧光定量PCR引物的T_m值，实验能够获得成功。郭立新等[28]也利用MGB修饰基团提高探针的T_m值，建立了葡萄茎枯病菌的快速检测方法。以上结果表明，MGB适用于AT密集区域的探针设计，能够提高探针的T_m值，从而增强了该技术的应用范围。合适的T_m值不仅决定着PCR的扩增效率[29]，也影响MGB探针的特异性杂交[30]。

灵敏度结果显示，检测太白贝母的DNA浓度最低可达0.00239 ng·μL^{-1}。贠凯祎等[27]设计Taqman探针，检测冬虫夏草的最低DNA模板浓度为0.016 ng·μL^{-1}，与之相比，本文设计的探针检测的DNA模板浓度更低，应用前景较好。在对市售药材开展实时荧光PCR检测时，松贝、青贝与炉贝等川贝母药材都未出现扩增曲线，表明太白贝母不是所购买的川贝母药材的基原。《中国药典》记载，太白贝母常以"松贝"与"青贝"入药，其主要栽培区位于陕西、甘肃与重庆等地区，而本次实验购买的川贝母药材产地为四川阿坝州与甘孜州，并非太白贝母的主产区，因此未出现阳性扩增结果，后续将收集来自陕西、甘肃与重庆等地区的川贝母药材，开展进一步的验证。

最后，采用本节的Taqman-MGB实时荧光PCR方法，整体仅需1.5 h，即可完成太白贝母的准确检测。与《中国药典》2020版的PCR-RFLP、DNA条形码等方法[31]比较，本方法能够实时监测试验结果，省去电泳及核酸测序等步骤，操作更加便捷，大大缩短检测周期[32]，本方法具有特异性高、快速、标准化程度高与高效的特点，可作为太白贝母资源的合理开发、中药材市场的管理和中药生产企业原料监管的技术支撑。

三、基于叶绿体基因组的川贝母特异分子的筛选

利用生物信息学手段发掘川贝母基原植物叶绿体基因组的Indel和SSR位点，首次利用TaqMan-MGB和PCR技术建立了暗紫贝母、川贝母、太白贝母、甘肃贝母和瓦布贝母的特征性分子鉴定方法，获得了川贝母专属性分子标记，有利于川贝母种质资源、种群遗传和进化等研究，为保证川贝母药材临床用药安全及规范川贝母药材市场提供依据。

（一）材料

1. 植物材料

六种川贝母基原植物、中华贝母、浓蜜贝母（*F. mellea*）、伊贝母与浙贝母采自青海省西宁市互助县；康定贝母（*F. cirrhosa* var. *ecirrhosa*）采于四川康定；新疆贝母由中国科学院苏志豪研究员与天津理工大学刘明玉教授馈赠；湖北贝母药材购自中国食品药品检定研究院，批号：120962-201005；松贝、青贝、炉贝、浙贝母与平贝母药材均购自成都荷花池中药材市场；伊贝母药材购自新疆伊犁。所有基原植物及药材由西南交通大学生命科学与工程学院周嘉裕副教授鉴定，并保存于生命科学与工程学院。

2. 仪器

多功能酶标仪（Bio-Tek）、LightCycler 96 qPCR仪（Roche）、Veriti 96-Well Thermal Cycler PCR仪（Thermo Fisher）、Invitrogen iBright CL1500智能成像系统、

5415R台式大容量离心机（Effendorf公司）。

3. 试剂

植物DNA提取试剂盒（DP305）（北京天根生化有限公司），2×T5 Fast qPCR Mix（Probe）（北京擎科生物科技有限公司），EDTANa2、30%丙烯酰胺（biosharp）、10% APS、TEMED等。

（二）方法

1. 叶绿体全基因组分子标记位点的检索

使用MISA v1.0（MIcroSAtellite identification tool）软件对12种贝母（康定贝母和浓蜜贝母无叶绿体全基因组信息）叶绿体全基因组进行SSR的分析（http://pgrc.ipk-gatersleben.de/misa/misa.html）。使用mafft软件对12种贝母叶绿体全基因组进行全局比对及Indel分析。

2. 引物设计与筛选

根据实验室前期获得的川贝母基原植物叶绿体基因组数据和NCBI中下载康定贝母、浓蜜贝母、浙贝母、伊犁贝母等贝母属植物的叶绿体基因组数据，使用mafft软件进行基因组全局比对，筛选Indel位点，对特异性的Indel位点进行分析；使用DNAMAN v6软件比对NCBI上已有的所有相同基原物种的叶绿体全基因组序列，评估该位点的保守性。对于保守性强的位点序列，利用Primer 5.0软件设计两对特异性的引物以供选择，正反向引物的T_m值差控制在5℃以内，长度差异不超过5 bp，引物扩增片段长度控制在500 bp内，实时荧光PCR的产物尽量控制在200 bp内，探针引物根据其设计原则合理设计。

按照上述方法分析，发现暗紫贝母的*trnG-GCC-trnR-UCU*（8698-8744 bp）基因区间，有47 bp序列的插入，此位点既是插入性的Indel位点也是有47 bp两次重复的SSR位点；川贝母的*atpF*（11 256 bp）基因有6 bp（5′-TTACT-3′）的缺失，是一个缺失性的Indel位点，该位点在其他贝母中也是一个2次重复出现的SSR位点；太白贝母的*accD-psaI*（57,421 bp）基因区间有137 bp的缺失；甘肃贝母的*psbZ-trnG-UCC*（34 170~34 176 bp）处有6 bp（5′-TGGATT-3′）的插入，该位点在甘肃贝母基组中既是2次重复出现的SSR位点也是插入性的Indel位点；瓦布贝母的*petA-psbJ*（60 488~60 501 bp）基因区间有14 bp（5′-AATTTAATACATTA-3′）的插入，该位点既是插入性的Indel位点，也是2次重复出现的SSR位点。

基于这些特异性的Indel、SSR位点信息，设计特异性引物和TaqMan探针序列，见表8-5。

表8-5　鉴定川贝母基原植物的特异性引物

基原植物	引物名称	引物序列（5′-3′）	引物T_m值/℃
暗紫贝母	AZ-F	GCTACCCGCTTAATACATAC	53.4
	AZ-R	CCGGAACAGATCGAACAG	54.9
	AZ-TaqMan	FAM-CCATTGTCTAATGGAAAAGA-MGB	54.0
川贝母	C-F	TGGCTCTCACGCTCAATCAATTC	58.0
	C-R	TCAGGCACAACATGGTACTC	56.0
	C-TaqMan	FAM-CCACCCATATCTATAATGAG-MGB	56.0
太白贝母	TB-F	GCGAACGAGTATTTAGTTCATC	53.9
	TB-R	AGGGTTCTTTCACTCCTTTCT	53.7
甘肃贝母	GS-F	TTTGCTTCTTCTGACGGTTG	53.4
	GS-R	GCAGGGCCAGATACTATACAG	57.6
	GS-TaqMan	FAM-TGGATTTGGATTGTGAGAC-MGB	54.0
瓦布贝母	WB-F	GTGTCTATCGAAATCCCTTG	53.4
	WB-R	TGGCTCTGATCTGATGTTTC	53.4

3. 贝母样品DNA的提取与质量检测

按照植物基因组DNA提取试剂盒说明书操作，提取各贝母样品的DNA，使用酶标仪检测样品DNA浓度。

4. 引物扩增及电泳检测

（1）常规PCR反应体系及参数

常规PCR反应体系见表8-6。

表8-6 常规PCR反应体系

试剂	体积/μL
正向引物（10 μM）	1
反向引物（10 μM）	1
2×Master Mix	12.5
模板DNA（100ng/μL）	2
ddH$_2$O	8.5
总计	25

反应参数设置见表8-7，第三步的退火温度根据不同正反向引物T_m值的来摸索决定。1.5%琼脂糖电泳检测PCR产物，对于有特异性条带的PCR原液进行精准测序验证（委托北京擎科生物科技有限公司完成）。针对小片段插入和缺失的特异性位点，设计TaqMan探针引物辅助鉴定。

表8-7 常规PCR反应参数

反应过程	反应温度/℃	反应时间	循环数
预变性	95	5 min	1
变性	95	30 s	35
退火	T_m	30 s	
延伸	72	50 s	
延伸	72	7 min	1

（2）实时荧光PCR反应体系及参数

实时荧光PCR反应体系见表8-8。

表8-8 实时荧光PCR反应体系

试剂	体积/μL
正向引物（10 μM）	1
反向引物（10 μM）	1
探针引物（10 μM）	1
2×T5 Fast qPCR Mix（Probe）	10

续 表

试剂	体积/μL
模板DNA（100ng/μL）	2
ddH$_2$O	5
总计	20

反应参数设置见表8-9，第三步的退火温度根据不同正反向引物和探针引物的T_m值的来摸索决定。

表8-9　实时荧光PCR反应参数

反应过程	反应温度/℃	反应时间	循环数
预变性	95	2 min	1
变性	95	10 s	40
退火	T_m	1 min	

（3）凝胶电泳

不同浓度琼脂电泳胶配方如下：1%琼脂糖电泳胶：0.25 g Agarose，25 mL 1×TAE缓冲液，2.5 μL核酸染料（TS-GelRed），3%琼脂糖电泳胶：1.5 g Agarose，50 mL 1×TAE缓冲液，5 μL核酸染料（TS-GelRed），待胶凝固后，点5 μL的样，电泳电压为120 V，电流100 mA，电泳30 min后成像观察条带。

不同浓度未变性的PAGE胶（10 mL）配方见表8-10，混合好各种成分后，加入到胶槽，插好梳子，等待约40 min，胶凝固后就可以上样，调整电源电压为120 V，电流100 mA，电泳时间为1 h左右。此时配置染液，取10000×GelRed 10 μL，加入到10 mL的1×TBE缓冲液（染液要现用现置），小心地将取下来的PAGE胶放入到加了染料的1×TEB缓冲液里，放到摇床上，染色时间为10 min。染色结束后，放到成像仪上观察条带。

表8-10　10 mL不同浓度PAGE胶配方

浓度	ddH$_2$O	30%丙烯酰胺	5×TBE	10%APS	TEMED
6%	5.9	2	2	0.073	0.007
9%	4.9	3	2	0.073	0.007
12%	3.9	4	2	0.073	0.007

续　表

浓度	ddH$_2$O	30%丙烯酰胺	5×TBE	10%APS	TEMED
15%	2.9	5	2	0.073	0.007
18%	1.9	6	2	0.073	0.007

（三）结果与分析

1. 所提样品DNA质量检测

各贝母样品DNA质量检测结果如表8-11所示，结果显示各贝母样品提取的DNA浓度在104~429 ng/μL，OD260/280值在1.840~2.095，符合要求。统一各样品的DNA浓度为100 ng/μL左右，减少因模板浓度差异带来的误差。

表8-11　各贝母样品DNA浓度检测结果

编号	样品名称	浓度（ng/μL）	OD$_{260/280}$值
01	暗紫贝母	154.250	1.859
02	梭砂贝母	162.670	1.882
03	川贝母	144.540	1.871
04	太白贝母	157.160	1.856
05	甘肃贝母	166.210	1.898
06	瓦布贝母	171.405	1.901
07	中华贝母	215.530	2.095
08	康定贝母	104.740	2.090
09	伊犁贝母	192.499	1.842
10	浓蜜贝母	207.202	1.976
11	浙贝母	429.780	1.917
12	平贝母	324.810	1.944
13	新疆贝母	159.709	1.911
14	湖北贝母	233.123	1.878
15	松贝	179.920	1.840
16	青贝	159.650	1.986
17	炉贝	191.104	1.942

2. 暗紫贝母的特异性分子标记

(1) 测序结果比对

以14种贝母DNA为模板，基于暗紫贝母的特异引物（AZ-F和AZ-R），采用常规PCR法扩增，凝胶电泳验证，结果如图8-13所示。在500 bp左右，中华贝母无明显扩增条带，伊犁贝母、平贝母、新疆贝母和湖北贝母条带较弱，其余几种扩增条带明显。

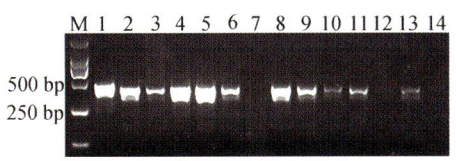

图8-13 13种贝母PCR扩增结果（暗紫贝母特异性位点）

M：DL2000 Marker；1-14：暗紫贝母、梭砂贝母、川贝母、太白贝母、甘肃贝母、瓦布贝母、中华贝母、康定贝母、浓蜜贝母、伊犁贝母、浙贝母、平贝母、新疆贝母和湖北贝母。

对PCR产物进行测序，结果显示梭砂贝母、伊犁贝母、浙贝母、平贝母、新疆贝母和湖北贝母测序无信号，对7种贝母PCR产物序列进行比对分析（图8-14）发现暗紫贝母有47 bp的插入序列，表明该位点具有特异性可做标记。经查证NCBI网站上已有的暗紫贝母叶绿体基因组，此处插入的47 bp差异与叶绿体基因组分析（第六章）中的47 bp简单重复位点吻合。

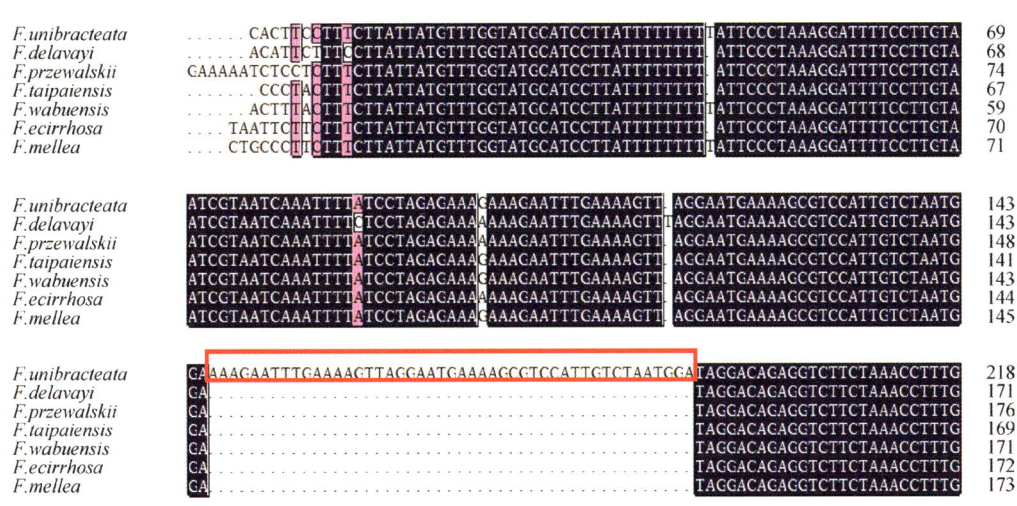

图8-14 暗紫贝母特异性位点测序比对部分图
（矩形框已圈出特异性插入的47 bp片段）

(2) Taqman-MGB探针的特异性检测

基于特异性的47 bp差异设计TaqMan-MGB探针（AZ-TaqMan），采用T_m值为58℃

(图8-15(c))对14种贝母(其中暗紫贝母在每次扩增中有三组重复,Cq值均在12~25范围内)进行实时荧光PCR扩增,结果发现暗紫贝母有特异性曲线,但其他贝母有较低荧光的曲线,Cq值在12~30范围内。因此,对退火温度(T_m)值进行优化,分别采用54℃、56℃、59℃、60℃、61℃进行扩增,结果见图8-15。

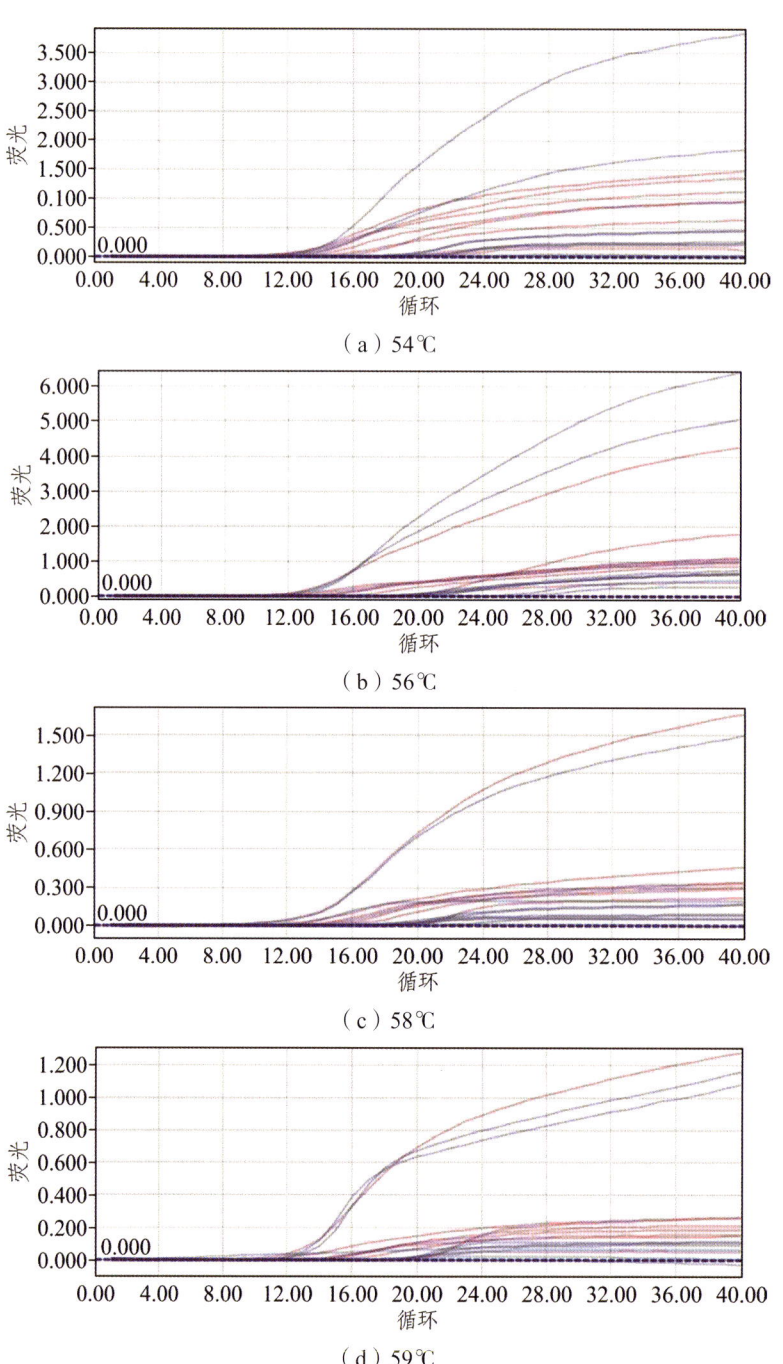

(a) 54℃

(b) 56℃

(c) 58℃

(d) 59℃

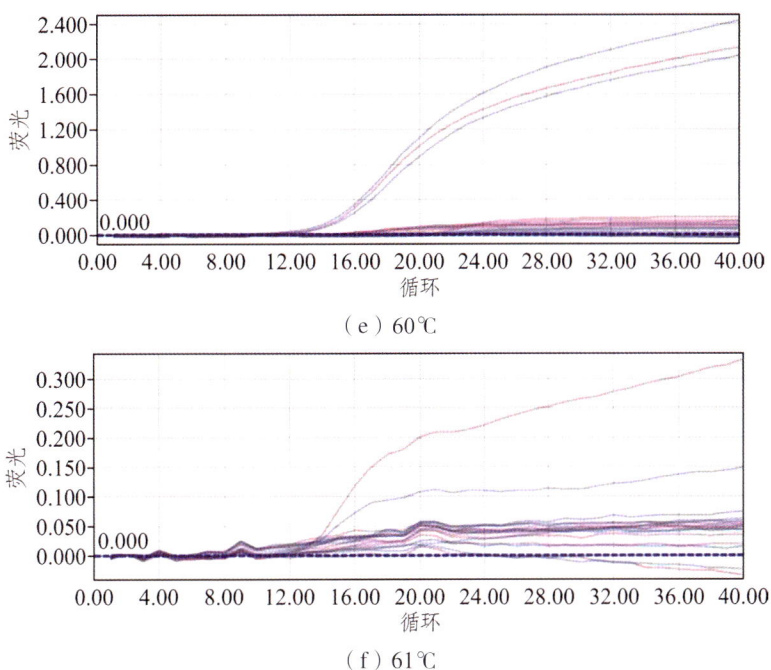

图8-15　TaqMan-MGB探针在不同T_m值下的实时荧光PCR检测

进一步统计不同T_m值下各贝母扩增曲线的Cq值如表8-12，未特异性结合的贝母样品无Cq值。

表8-12　不同T_m值下各贝母的扩增曲线的Cq值

	54℃	56℃	58℃	59℃	60℃	61℃
暗紫贝母	12.54	12.81	12.15	12.28	12.80	—
	12.39	12.88	12.39	13.50	12.21	—
	12.44	12.30	12.95	12.49	12.92	—
梭砂贝母	12.22	13.54	—	—	—	—
川贝母	—	21.19	—	—	—	—
太白贝母	13.89	13.86	—	—	—	—
甘肃贝母	14.93	15.44	—	—	—	—
瓦布贝母	13.34	15.00	—	—	—	—
康定贝母	16.25	16.60	—	—	—	—
浓蜜贝母	19.50	—	—	—	—	—
伊犁贝母	19.13	19.51	—	—	—	—
浙贝母	—	21.35	—	—	—	—
平贝母	—	21.27	—	—	—	—

综合考虑荧光值和扩增效果，判断该TaqMan-MGB探针和引物扩增的最适T_m值为60℃，仅暗紫贝母的三组重复有特异性的扩增曲线，其他13种贝母未出现扩增曲线，以此来鉴定暗紫贝母。

（3）Taqman-MGB探针的灵敏度检测

选取3个批次提取的暗紫贝母DNA，模板原始浓度分别为154.250、162.045和158.731 ng/μL，呈10倍稀释8个梯度后进行实时荧光PCR扩增，探究该探针的灵敏度。图8-16所示为初始浓度为154.250 ng/μL的模板扩增曲线。

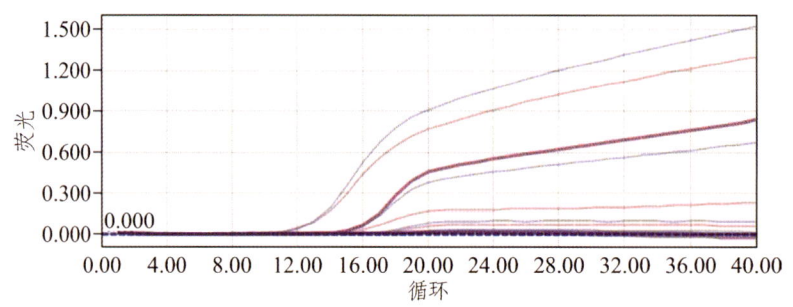

图8-16　TaqMan-MGB探针灵敏度探究

扩增曲线依次对应各个梯度的DNA模板，从上往下依次减小：即154.250、15.425、1.543、0.1543、0.0154、0.0015、0.0002和0.00002 ng/μL。

从图8-16可以看出模板浓度在154.250~0.1543 ng/μL范围内有明显的扩增曲线，Cq值分别为12.35、12.45、15.83和15.91，呈特异性阳性结果，其余的较低模板浓度呈特异性阴性结合，无Cq值。同样，用162.045和158.731 ng/μL的模板，可检测的浓度也在0.1621和0.1587 ng/μL的这一浓度梯度，Cq值均在12~20范围内。因而判定该探针可检测的限度均值为0.15837 ng/μL。

（4）Taqman-MGB探针对市售药材的鉴定

使用TaqMan-MGB实时荧光PCR法鉴定贝母基原植物的鳞茎（药用部位）[图8-17（a）]，样品有暗紫贝母（3次重复）、梭砂贝母、川贝母、太白贝母、甘肃贝母、瓦布贝母、浓蜜贝母、康定贝母、中华贝母、浙贝、平贝、伊犁贝母、新疆贝母和湖北贝母，结果显示只有暗紫贝母产生特异性荧光曲线，Cq值分别为15.09、15.14和15.38，其余均未产生特异性荧光曲线。

使用探针对购买的药材（干燥鳞茎）进行鉴定[见图8-17（b）]，样品有：松贝（2次重复）、青贝、炉贝、浙贝、平贝、伊贝母和湖北贝母，结果显示仅有松贝产生特异性荧光曲线，Cq值为16.19和16.14，其余药材均未产生特异性荧光曲线，表明市售松贝药材的主要来源是暗紫贝母,这与文献[33]一致。本研究建立的TaqMan-MGB探针不仅能够区分暗紫贝母与其他贝母属植物,也能鉴定出市售药材中疗效最好的松贝是否为暗紫贝母。

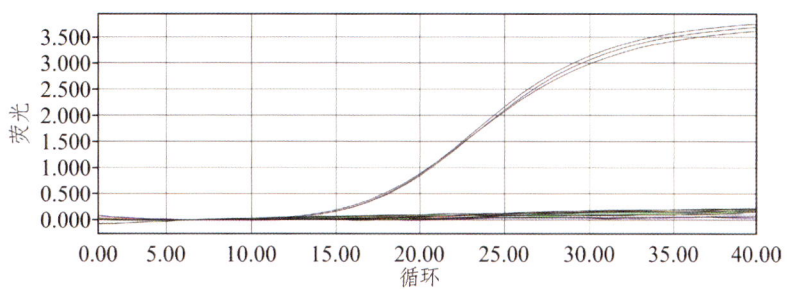

(a) TaqMan-MGB探针对基原植物药用部位的鉴定;

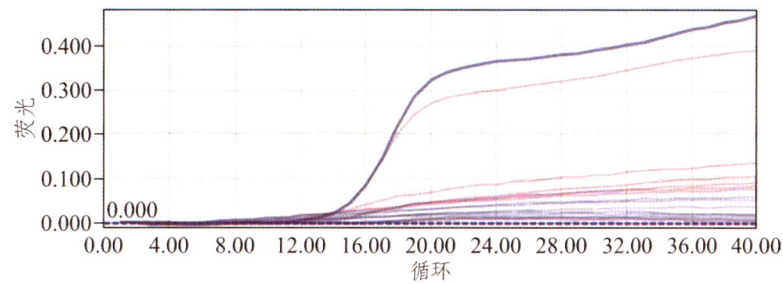

(b) TaqMan-MGB探针对市售药材的鉴定

图8-17　TaqMan-MGB探针对药材的鉴定

3. 川贝母的特异性分子标记

(1) PCR及测序结果

以14种贝母DNA为模板,基于川贝母的特异引物(C-F和C-R),采用常规PCR法扩增,凝胶电泳验证,结果如图8-18,结果显示除平贝母条带较弱外,其他13种贝母均扩增清晰单一条带。

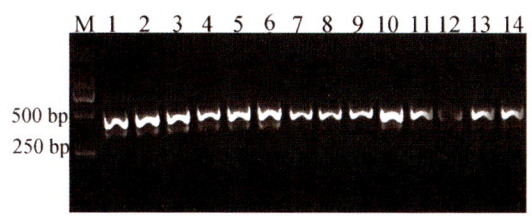

图8-18　14种贝母PCR扩增电泳图(川贝母特异性位点)

M:DL2000 Marker;1~14:暗紫贝母、梭砂贝母、川贝母、太白贝母、甘肃贝母、瓦布贝母、中华贝母、康定贝母、浓蜜贝母、伊犁贝母、浙贝母、平贝母、新疆贝母和湖北贝母。

PCR产物测序比对分析结果如图8-19所示，与其他贝母相比川贝母确有6 bp序列的缺失，表明该位点具有特异性可做标记。

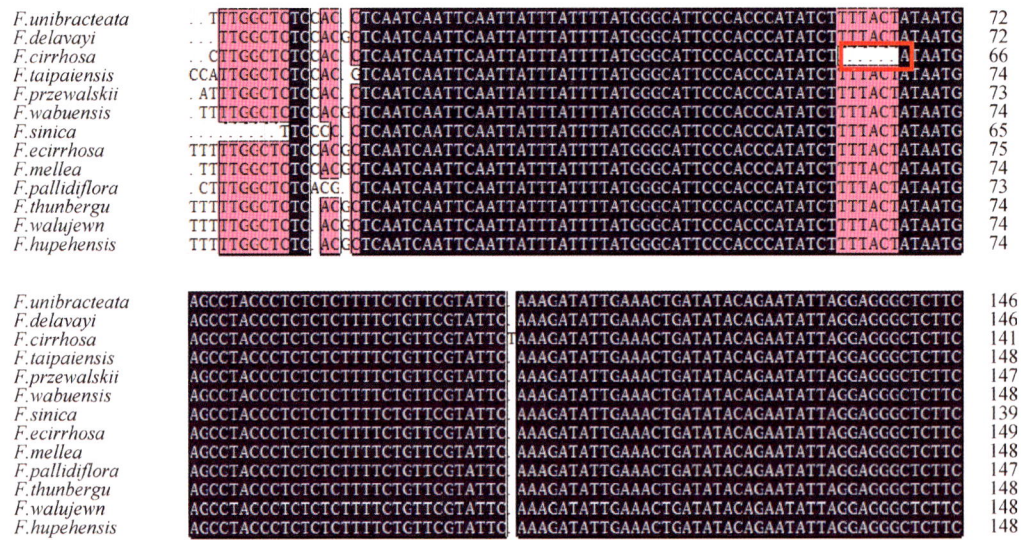

图8-19　川贝母特异性位点测序比对部分图
（矩形框已圈出特异性缺失的6 bp片段）

（2）Taqman-MGB探针的特异性检测

基于特异性的6 bp缺失序列设计TaqMan-MGB探针（C-TaqMan），对14种贝母（其中川贝母在每次扩增中三组重复）进行实时荧光PCR扩增，结果发现川贝母有特异性曲线出现，而其他贝母也有较低荧光的曲线，PCR扩增T_m值优化结果显示最适T_m值为62℃，三组重复Cq值分别为16.49、15.83和16.26，结果见图8-20。

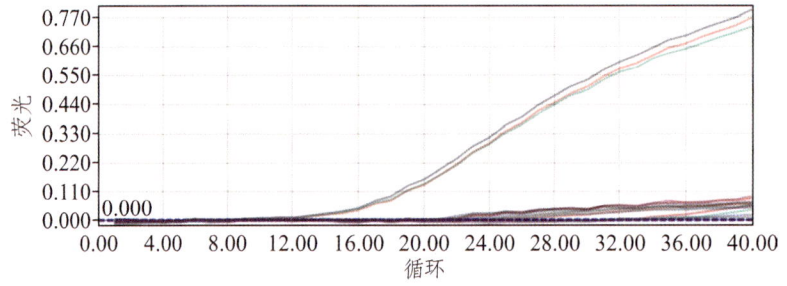

图8-20　TaqMan-MGB探针特异性实时荧光PCR的检测图

（3）川贝母Taqman-MGB探针的灵敏度检测

选取3个批次提取的川贝母DNA，模板原始浓度分别为144.540、130.141和106.443

ng/μL，分别按照10倍稀释了6个梯度后进行实时荧光PCR扩增，探究该探针的最低灵敏度。图8-21是DNA模板初始浓度为144.540 ng/μL的扩增曲线图。

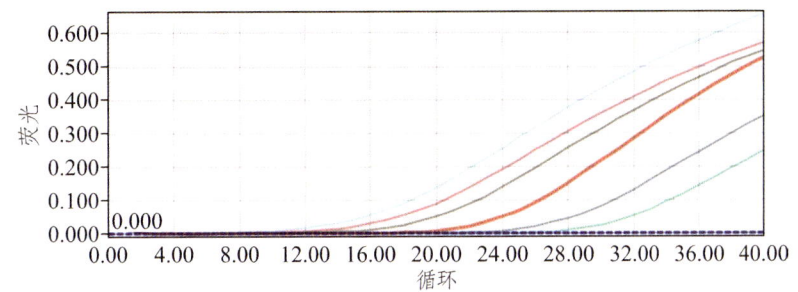

图8-21 TaqMan-MGB探针灵敏度探究

扩增曲线依次对应各个梯度的DNA模板，从上往下依次减小，即144.540、14.454、1.4454、0.14454、0.0145、0.0145 ng/μL。

从图8-21可以看出DNA模板浓度在144.54~0.145 ng/μL范围内有明显的扩增曲线，呈特异性阳性结果，C_q值依次为15.63、19.99、24.03和28.23，而0.0145和0.00145 ng/μL模板浓度呈特异性阴性结合，无C_q值。同样，用130.141和106.443 ng/μL的初始模板浓度，可检测的最低浓度分别为0.1301ng/μL和0.1064 ng/μL。因而判定该探针可检测的限度均值为0.12717 ng/μL。

药材青贝是以川贝母、瓦布贝母和太白贝母为主要种质资源进行栽培的[34]。同样使用该Taqman-MGB探针对已购的七种市售药材进行鉴定，但未在已购批次药材中起到明显的鉴定效果，推测可能是提取的该批次青贝DNA中川贝母DNA含量低于该探针最低可检测浓度，或是该批次青贝的基原不是川贝母，需要后续购买其他批次的药材进行验证。

4. 太白贝母的特异性分子标记

（1）序列结果比对

从NCBI上下载12种贝母（康定贝母、浓蜜贝母未记载）的 *accD-psaI* 区间序列，用DNAMAN V6比对，结果见图8-22，与其他贝母相比太白贝母存在137 bp的序列缺失。同时比对NCBI上所有太白贝母的 *accD-psaI* 区间序列，发现该异性位点的缺失是保守的。

图8-22　12种贝母accD-psaI片段序列比对
（矩形框已圈出太白贝母特异性缺失的137 bp片段）

（2）引物的特异性检测。

用太白贝母的引物（TB-F和TB-R），以14种贝母DNA为模板，T_m值分别为55℃，56℃，57℃，58℃，59℃，60℃，进行常规PCR扩增，凝胶电泳验证，结果如图8-23所示，PCR扩增的最佳T_m值为58℃，电泳条带较为单一清晰，太白贝母的PCR产物明显小于其他贝母。

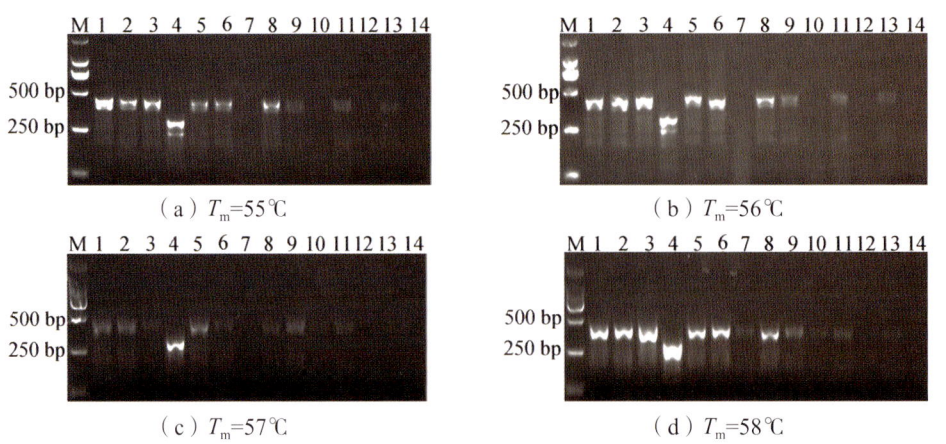

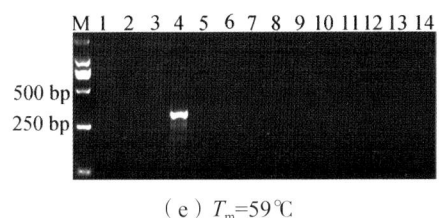 

（e）T_m=59℃　　　　　　　　　（f）T_m=60℃

图8-23　14种贝母不同T_m值的PCR扩增电泳图（太白贝母特异性位点）

M：DL2000 Marker；1~14：暗紫贝母、梭砂贝母、川贝母、太白贝母、甘肃贝母、瓦布贝母、中华贝母、康定贝母、浓蜜贝母、伊犁贝母、浙贝母、平贝母、新疆贝母和湖北贝母。

（3）引物的灵敏度检测。

选取3个批次提取的太白贝母DNA，模板原始浓度分别为238.540、106.368和157.160 ng/μL，分别按照10倍稀释了8个梯度，再进行PCR扩增，以探究特异引物可扩增的最低模板浓度。图8-24为DNA模板初始浓度为238.540 ng/μL的凝胶电泳图。

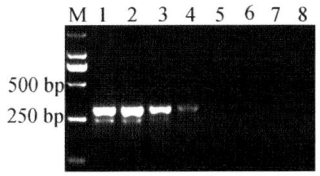

图8-24　太白贝母引物灵敏度探究

M：DL2000 Marker；1~8：对应依次减小各个梯度的DNA模板，即238.540、23.854、2.385、0.239、0.0234、0.0023 ng/μL。

由图8-24可知，当太白贝母DNA模板浓度为0.239 ng/μL时电泳条带亮度虽变弱但清晰可见，进一步稀释后条带变的模糊，其他两个批次的结果类似，模板浓度分别为0.106 ng/μL和0.157 ng/μL时，条带比较明显，因此判定该对引物可扩增的太白模板限度均值为0.1673 ng/μL。

5. 甘肃贝母的特异性分子标记

（1）PCR及测序结果

采用甘肃贝母的引物（GS-F和GS-R），以14种贝母DNA为模板进行常规PCR法扩增，凝胶电泳验证，如图8-25所示，结果显示除康定贝母没有扩增出条带外，其余贝母后均在300 bp附近有一条带。

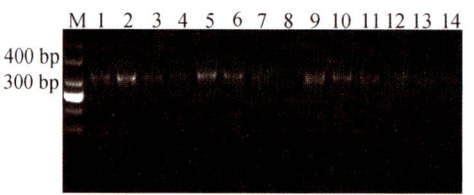

图8-25　14种贝母PCR扩增电泳图（甘肃贝母特异性位点）

M：500 bp Marker；1~14：暗紫贝母、梭砂贝母、川贝母、太白贝母、甘肃贝母、瓦布贝母、中华贝母、康定贝母、浓蜜贝母、伊犁贝母、浙贝母、平贝母、新疆贝母和湖北贝母。

PCR产物测序及比对结果显示与其他几种贝母相比甘肃贝母确实存在6 bp的序列插入，表明该位点具有特异性并可做标记（图8-26）。

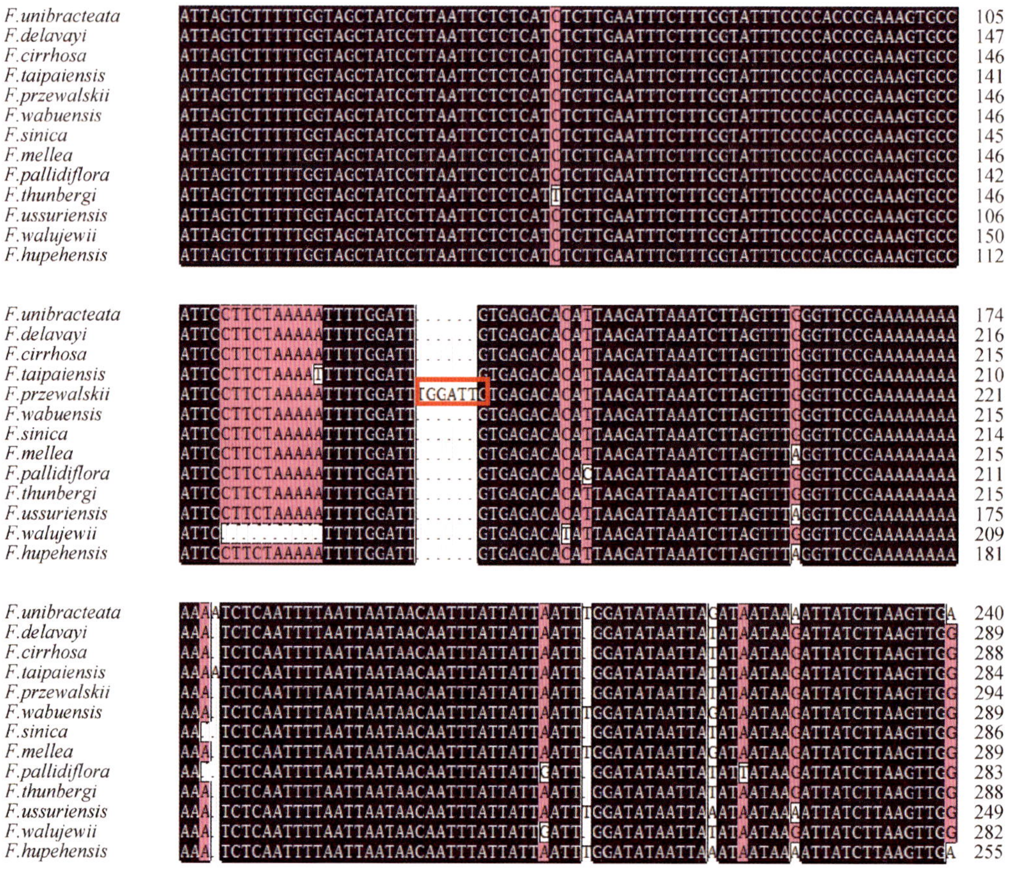

图8-26　甘肃贝母特异性位点测序比对
（矩形框已圈出特异性插入的6 bp片段）

（2）Taqman-MGB探针的特异性检测

基于特异性的6 bp插入序列设计TaqMan-MGB探针（GS-TaqMan），进行实时荧光PCR扩增14种贝母（其中甘肃贝母三组重复），T_m值设置为58℃、60℃、62℃、63℃、

64℃、65℃几个梯度，结果如图8-26所示，几个退火温度下甘肃贝母都有特异性曲线，除64℃扩增结果外，但其他贝母也不同程度的产生较低荧光曲线，结合扩增曲线的Cq值（表8-13），确定该TaqMan-MGB探针和引物扩增最适T_m值为64℃，仅甘肃贝母的三组重复有特异性的扩增曲线，其他13种贝母未出现扩增曲线，以此来鉴定甘肃贝母。

表8-13 不同T_m值下甘肃贝母扩增曲线的Cq值

	58℃	60℃	62℃	63℃	64℃	65℃
甘肃贝母	—	14.09	14.80	14.33	15.88	—
	—	15.38	—	14.79	15.38	—
	—	15.14	—	14.02	15.25	—

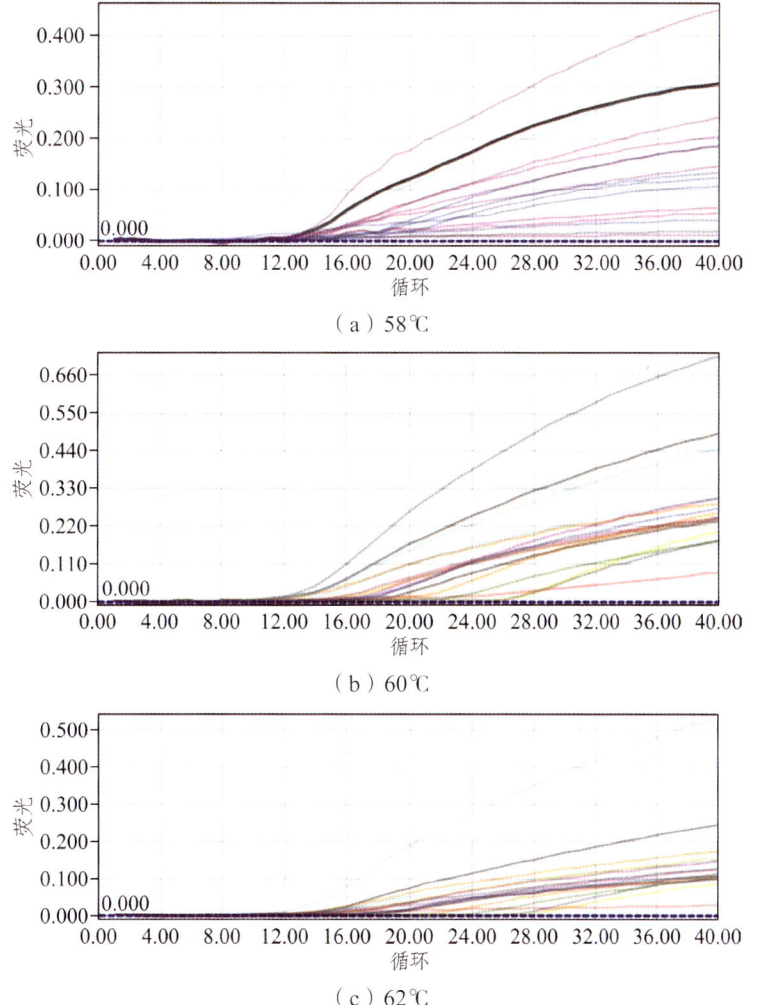

(a) 58℃

(b) 60℃

(c) 62℃

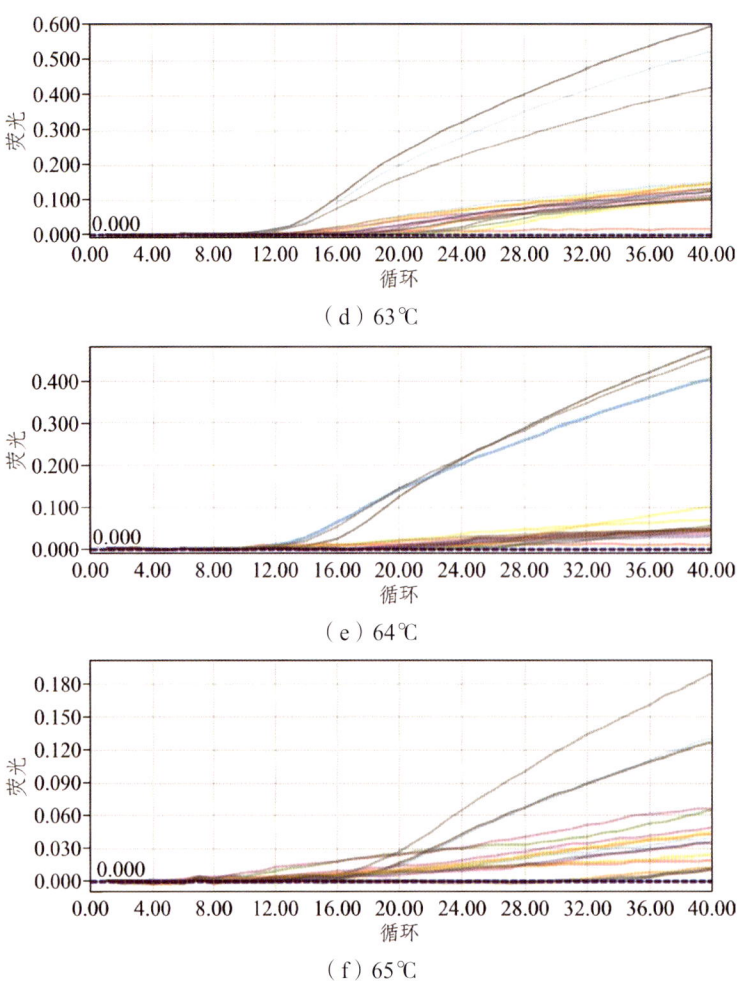

（d）63℃

（e）64℃

（f）65℃

图8-27　TaqMan-MGB探针在不同T_m值下的实时荧光PCR的检测

（3）甘肃贝母Taqman-MGB探针的灵敏度检测

选取3个批次提取的甘肃贝母DNA，模板原始浓度分别为128.858、118.946和166.210 ng/μL，分别按照10倍稀释了8个梯度后实时荧光PCR扩增，探究探针灵敏度。图8-28是DNA模板初始浓度为166.210 ng/μL的扩增曲线图。

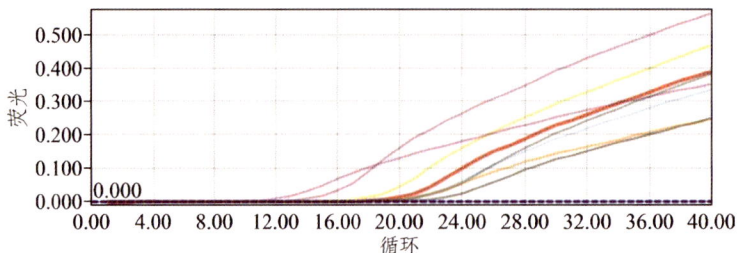

图8-28　TaqMan-MGB探针灵敏度探究

扩增曲线依次对应各个梯度的DNA模板，从上往下依次减小：
即166.210、16.621、1.6621、0.1662、0.0166和0.0166 ng/μL。

从图8-28可以看出DNA模板浓度在166.21~0.1662 ng/μL范围内有明显的扩增曲线，呈特异性阳性结果，Cq值依次为16.74、20.28、22.20和23.75，剩余低模板浓度呈特异性阴性结合，无Cq值。同样，用128.858和118.946 ng/μL的模板，可检测的浓度分别在0.1289和0.1189 ng/μL这一浓度梯度。判定该探针可检测的限度均值为0.1380 ng/μL。

使用该Taqman-MGB探针对已购的七种市售药材进行鉴定，鉴定效果同川贝母，未在已购批次药材中起到明显的鉴定效果，推测提取的该批次贝母药材DNA中甘肃贝母DNA含量低于该探针最低可检测浓度或其基原植物不是以甘肃贝母为主。

6. 瓦布贝母的特异性分子标记

（1）测序结果比对

以14种贝母DNA为模板，基于瓦布贝母的引物（WB-F和WB-R）采用常规PCR法扩增，凝胶电泳验证，结果如图8-29所示，14种贝母在250 bp左右均扩增出单一条带。

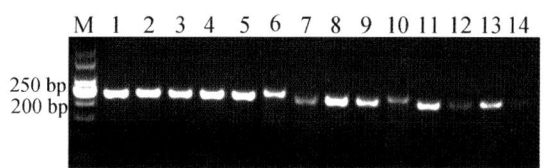

图8-29　14种贝母PCR扩增电泳图（瓦布贝母特异性位点）

M：500 bp Marker；1~14：暗紫贝母、梭砂贝母、川贝母、太白贝母、甘肃贝母、瓦布贝母、中华贝母、康定贝母、浓蜜贝母、伊犁贝母、浙贝母、平贝母、新疆贝母和湖北贝母。

对PCR产物进行测序，并进行序列比对分析，结果如图8-30所示，与其他13种贝母的序列相比瓦布贝母在预期位置存在14 bp的插入序列，表明该位点具有特异性可做标记。

（2）瓦布贝母引物特异性探究

分析发现瓦布贝母的特异插入序列为一段富含A/T的片段，GC含量只有9%，不符合TaqMan探针的设计要求。参考吕海霞等[35]、杨芳等[36]、RVDSD[37]的方法，采用PAGE电泳可以区分10 bp大小差异的DNA片段。分别使用6%、9%、12%、15%、18%浓度的PAGE胶进行电泳观察，结果如图8-31所示。从图可以看出，PAGE胶浓度为6%、9%、12%时能够观察到瓦布贝母的PCR产物条带位置与其他13种贝母的有一定差异。当PAGE胶浓度为12%时条带分离效果最好，可明显看出差异，再结合测序结果可以精准鉴定出瓦布贝母。

图8-30 瓦布贝母特异性位点测序比对
（矩形框已圈出特异性插入的14 bp片段）

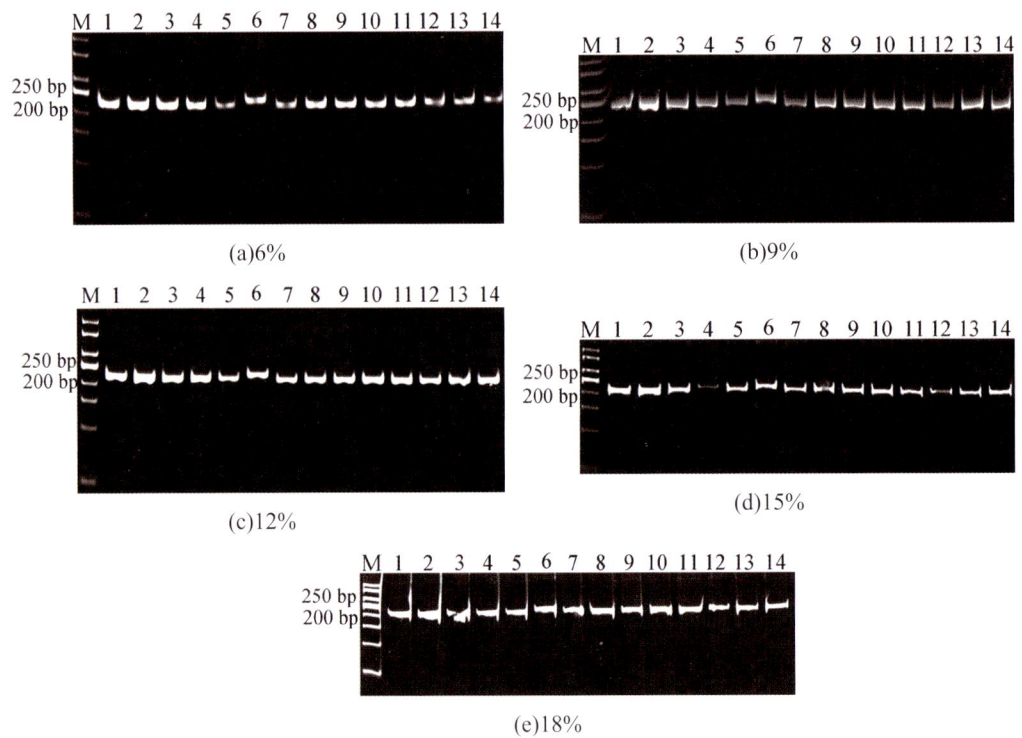

图8-31 14种贝母PCR扩增不同浓度PAGE胶电泳图（瓦布贝母特异性位点）

M：500 bp Marker；1~14：暗紫贝母、梭砂贝母、川贝母、太白贝母、甘肃贝母、瓦布贝母、中华贝母、康定贝母、浓蜜贝母、伊犁贝母、浙贝母、平贝母、新疆贝母和湖北贝母。

（四）小结

基于川贝母基原植物叶绿体基因组数据，分别利用常规PCR、实时荧光PCR和Taqman-MGB探针技术建立了暗紫贝母、川贝母、太白贝母、甘肃贝母和瓦布贝母的专属性分子鉴定方法。

暗紫贝母、甘肃贝母和川贝母分别在*trnG-trnR*、*psbZ-trnG*基因区间和*atpF*基因内存在特异性位点，利用实时荧光PCR和Taqman-MGB探针技术可检测最低模板浓度的数量级在10^{-1}（均值分别在0.15837、0.1380和0.12717 ng/μL）。将探针应用于常见的七种市售药材鉴定上，暗紫贝母的探针可特异性鉴定出研究所用批次的松贝，是否能特异性鉴定出药材需要购买更多批次的松贝进行探究。太白贝母和瓦布贝母分别在*accD-psaI*和*petA-psbJ*基因区间存在特异性位点，PCR扩增后电泳检测，不同的是太白贝母采用琼脂糖凝胶电泳检测，而瓦布贝母则需利用12%非变性PAGE胶垂直电泳。

暗紫贝母特异性位点所在基因区间位于LSC区域，且与叶绿体基因组分析发现的47 bp重复序列吻合。同样川贝母、太白贝母、甘肃贝母和瓦布贝母的特异性标记基因区间均位于LSC区域，与叶绿体基因组注释信息分析结果一致，LSC区域的确是潜在的可做特异性标记的区域，能够筛选出川贝母专属性的分子标记。

参考文献

[1] Chen S, Yao H, Han J, et al. Validation of the ITS2 Region as a Novel DNA Barcode for Identifying Medicinal Plant Species [J]. Plos One, 2010, 5（1）: e8613.

[2] Shi Z, Chen S, Yao H, et al., DNA Barcode Identification of Original Species in *Aesculus* Linn[J]. Chinese Traditional and Herbal Drugs 2013, 44（18）: 2593-2599.

[3] Casiraghi M, Labra M, Ferri E, et al., DNA Barcoding: a Six-question Tour to Improve Users' Awareness about the Method [J]. Brief Bioinform, 2010, 11（4）: 440-453.

[4] Sun Z, Chen, S, Yao H, et al. Identification of Notopterygii Rhizoma et Radix and its adulterants using DNA barcoding method based on ITS2 sequence [J]. Chinese Traditional and Herbal Drugs 2012, 43（03）: 568-571.

[5] Zhu Y, ChenS, Yao H, et al. DNA Barcoding the Medicinal Plants of the Genus Paris [J]. Acta Pharmaceutica Sinica 2010, 45（03）: 376-382.

[6] Hao J, Cai Y, Liu G, et al. Identification of Genetic Relationships between Medicinal Licorices Based on ITS2 Sequences [J]. Chinese Pharmaceutical Journal 2018, 53（06）: 411-417.

[7] Yang P, Zhou H, Ma S, et al. Authenticatio of Raw Material for Edible and Medicinal Cinnamon Based on Plastid Intergenic RegionpsbA-trnH [J]. Chinese Pharmaceutical Journal, 2015, 50（17）: 1496-1499.

[8] Xu J, Xu T, Xiao Z, et al. Analysis ofpsbA-trnH Gene Sequences of Granineae and Its Application in Identification of Oryzapunctata [J]. Biotechnology Bulletin 2011,（02）: 85-92.

[9] Chen S, Yao H, HanJ, et al. Principles for Molecular Identification of Traditional Chinese Materia Medica Using DNA Barcoding [J]. China Journal of Chinese Materia Medica 2013, 38（02）: 141-148.

[10] Tamura K, Peterson D, Peterson N, et al. MEGA5: Molecular Evolutionary Genetics Analysis Using Maximum Likelihood, Evolutionary Distance, and Maximum Parsimony Methods [J]. Mol Biol Evol, 2011, 28（10）: 2731-2739.

[11] 车朋. 青藏高原及其毗邻地区贝母类药材资源学研究[D]. 北京：北京协和医学院，2020.

[12] Yu C, LiangX, Chen J, et al. Identification of Plants in *Fritillariae* L.by DNA Barcoding Technology [J]. Chinese Traditional and Herbal Drugs 2014, 45（11）: 1613-1619.

[13] Lu H, Zhu S, Zhou SJ, et al. Specific RAPD Screening of Breeds in *Fritillaria Thunbergii* and Genetic Diversity Analysis of Five Species of *Fritillaria* [J]. Journal of Ningbo University（Natural Science & Engineering Edition）, 2009, 22（01）: 44-47.

[14] Xiao P, Jang Y, Li P, et al. The Botanical Origin and Pharmacophylogenetic Treatment of Chinese Materia Medica Beimu [J]. Journal of Systematics and Evolution 2007,（04）: 473-487.

[15] Luo Y, Chen X. A Revision of *Fritillaria* L.（Liliaceae）in the Hengduan Mountains and Adjacent Regins, China（1）-A Study of *Fritillaria Cirrhosa* D. Don and ITS Related Species [J]. Journal of Systematics and Evolution, 1996,（03）: 304-312.

[16] Xu Y, Zhang J, Cheng C, et al. Study on the Botanical Origin of Chinese Materia Medica Bei-mu from Western Sichuan Plateau [J]. Journal of Southwest Minzu University（Natural Science Edition）, 2011, 37（04）: 617-620.

[17] Li K, Wu W. A Karyological Study of *Fritillaria* from Sichuan Province [J]. Hubei Agricultural Sciences, 2016, 55（16）: 4224-4229.

[18] Li Q, Chen X, Wang S. Study on the Relative in Molecular Biology Among *Fritillariae* of Sichuan Species [J]. West China Journal of Pharmaceutical Sciences, 2010, 25（02）: 140-143.

[19] Su P, Hu L, Dong P. Identification of Eight Varieties of Bullbus *Fritillaria cirrhosa* [J]. Southwest China Journal of Agricultural Sciences, 2014, 27（06）: 2559-2563.

[20] Zheng M, Chen X, Wang S, et al. A TaqMan-MGB real-time RT-PCR assay with an internal amplification control for rapid detection of Muscovy duck reovirus [J]. Mol Cell Probes, 2020, 52: 101-575.

[21] Watzinger F, Ebner K, Lion T. Detection and monitoring of virus infections by real-time PCR [J]. Mol Aspect Med, 2006, 27: 254-298.

[22] 段丽君，张慧丽，李雪丽，等. 杜鹃花枯萎病菌 TaqMan MGB 探针实时荧光快速检测方法[J]. 园艺学报2020，47（4）：797-804.

[23] Liu W, Zhang W, Cheng X, et al. Progress in constituents and isolation and analysis methods of Fritillariae Cirrhosae Bulbus [J]. Asia-Pac Tradit Med（亚太传统医药）, 2015, 11: 41-46.

[24] Xu C, Li H, Li P, et al. Study on molecular identification method of *Fritillaria cirrhosa* [J]. J China Pharm Univ（中国药科大学学报）, 2010, 41: 226-230.

[25] 郑辉, 邓楷煜, 陈安琪, 等. 基于DNA条形码的川贝母及其近缘种的分子鉴定与亲缘关系研究[J]. 药学学报, 2019, 54（12）: 2326-2334.

[26] Xin T, Yao H, Luo K, et al. Stability and accuracy of the identification of Notopterygii Rhizomaet Radix using the ITS/ITS2 barcodes [J]. Acta Pharm Sin（药学学报）, 2012, 47: 1098-1105.

[27] Yun K, Xiang L, Wang X, et al. Identification of Ophiocordyceps sinensis and its adulterants based on portable and CFX96 real-time fluorescent PCR systems [J]. Acta Pharm Sin（药学学报）, 2019, 54: 746-752.

[28] Guo L, Duan L, Wang C, et al. TaqMan MGB base real time PCR method for the detection of *Didymella glomerata*（in Chinese）[J]. Acta Phytopathol Sin（植物病理学报）, 2020, 50: 97-106.

[29] Zhou G, Lan H, Li H. Research on changes of PCR enthalpy in different annealing temperature with DSC [J]. Food Mach（食品与机械）, 2011, 27: 28-30,118.

[30] You Y, Tataurov A, Owczarzy R. Measuring thermodynamic details of DNA hybridization using fluorescence[J]. Biopolymers, 2011, 95: 472-486.

[31] Xin T, Xu Z, Jia J, et al. Biomonitoring for traditional herbal medicinal products using DNA metabarcoding and single molecule, real-time sequencing [J]. Acta Pharm Sin（药学学报）, 2018, 53: 488-497.

[32] Zhou C, Huang Z. Application of fluorescent quantitative PCR in drug inspection [J]. Tianjin Pharm（天津药学）, 2018, 30: 65-71.

[33] 张田, 陈娇, 蒋瑞平, 等. TaqMan-MGB实时荧光PCR法检测太白贝母及其近缘种的研究[J]. 药学学报, 2021. 56（09）: 2577-2583.

[34] 周琪, 雷乾娅, 赵军宁, 等. 川产道地药材川贝母（栽培品）鉴别与品质研究[J]. 世界中医药, 2020. 15（02）: 225-230.

[35] 吕海霞, 张艳欣, 王林海, 等. 芝麻DNA高效提取及PAGE快速银染方法[J]. 中国

农学通报,2010.26(15):75-77.

[36] 杨芳,尚勋武,王化俊,等.小麦基因组DNA快速提取及SSR标记PAGE的银染检测[J].甘肃农业大学学报,2008(02):46-50.

[37] RVDSD. PAGE胶DNA电泳笔记. http://blog.sina.com.cn/s/blog_5de124240102x9lj.html 2018.